DK 621.941.24-55:621-55

FORSCHUNGSBERICHTE
DES LANDES NORDRHEIN-WESTFALEN

Herausgegeben durch das Kultusministerium

Nr. 830

Prof. Dr.-Ing. Herwart Opitz
Dipl.-Ing. Wolfgang Backé

Laboratorium für Werkzeugmaschinen und Betriebslehre
an der Technischen Hochschule Aachen

Automatisierung des Arbeitsablaufes in der spanabhebenden Fertigung

Untersuchung eines unstetigen Nachformsystems mit
einem elektrohydraulischen Stellglied

Als Manuskript gedruckt

WESTDEUTSCHER VERLAG / KÖLN UND OPLADEN

1960

ISBN 978-3-663-03533-6   ISBN 978-3-663-04722-3 (eBook)
DOI 10.1007/978-3-663-04722-3

Gliederung

1. Einleitung . . . . S. 5
2. Aufbau des untersuchten Systems . . . . S. 5
3. Stationäres Verhalten . . . . S. 8
   3.1 Maximalkräfte und Geschwindigkeiten . . . . S. 8
   3.2 Ermittlung der Kennlinienfelder . . . . S. 8
4. Dynamisches Verhalten . . . . S. 10
   4.1 Totzeiten des Systems . . . . S. 10
   4.2 Verhalten beim Einwirken einer Störgröße . . . . S. 12
   4.3 Verhalten unter einer Führungsgröße . . . . S. 15
      4.31 Führungsverhalten in Planrichtung . . . . S. 16
         4.31.1 Schaltfrequenz f_s . . . . S. 16
         4.31.2 Schaltamplitude 2 xo . . . . S. 20
         4.31.3 Proportionalabweichung . . . . S. 25
         4.31.4 Auswertung von Schrieben der Relativbewegung . . . . S. 25
      4.32 Führungsverhalten in Längsrichtung . . . . S. 27
   4.4 Stabilitätsuntersuchungen . . . . S. 31
      4.41 Stabilitätskriterium und Möglichkeiten zum Stabilisieren . . . . S. 31
      4.42 Stabilitätsbetrachtung an Hand von Orts- und Beschreibungsfunktionen . . . . S. 33
5. Bearbeitungsversuche . . . . S. 35
   5.1 Bearbeiten von Kugelkonturen . . . . S. 35
   5.2 Bearbeiten von Stufenschablonen . . . . S. 36
6. Schlußbetrachtung . . . . S. 40
7. Literaturverzeichnis . . . . S. 42

1. Einleitung

Die im Werkzeugmaschinenbau in Anwendung befindlichen Nachformsysteme lassen sich im Sinne der Regelungstechnik in zwei große Gruppen gliedern: bei kleineren und mittleren Dreh- und Hobelmaschinen findet man stetige Systeme, während schwere Maschinen wie Walzendrehbänke und Gesenkfräsmaschinen häufig mit unstetig arbeitenden Aggregaten versehen sind. Die stetigen Systeme arbeiten meistens rein hydraulisch [8], während die unstetigen Systeme in den meisten Fällen mit Kontaktfühler und Kupplungen ausgerüstet sind.

Die Aufgabe einer Folgeregelung besteht darin, die Lage des Werkzeuges nach der des Tasters zu steuern, wobei zwischen beiden nur eine möglichst geringe Relativbewegung stattfinden darf. Die Kraftübersetzung zwischen Taster und Werkzeug kann dabei in der Größenordnung von 1:1000 und höher liegen. Relativbewegungen zwischen Taster und Werkzeug bewirken systembedingte Werkstückfehler. Beim Drehvorgang geht dieser Fehler in doppelter Größe in das Arbeitsergebnis ein.

Im Gegensatz zu stetigen Systemen, bei denen der fehlerausgleichende Energiestrom proportional der gemessenen Abweichung ist, wird der Energiestrom bei unstetigen Systemen immer voll ein- bzw. ausgeschaltet und die übertragene Energiemenge kann nur durch die Zeitdauer des Einschaltens reguliert werden.

Die nachfolgenden Ausführungen beziehen sich auf die Untersuchung eines unstetigen Nachformsystems für den Drehvorgang. Die Ergebnisse über das Funktionsverhalten des unstetigen Folgesystems haben jedoch allgemeine Gültigkeit und sind auch auf andere Bearbeitungsmaschinen anwendbar, sofern diese mit einem ähnlichen unstetigen Folgeregelkreis ausgerüstet sind.

2. Aufbau des untersuchten Systems

Zum Aufbau unstetiger Nachformsysteme für Werkzeugmaschinen benutzt man in den meisten Fällen als Taster einen elektrischen Kontaktfühler, der mindestens mit so viel Kontaktpaaren ausgerüstet ist, wie Bewegungsrichtungen zu bestätigen sind. Dazu kommen manchmal noch Kontaktpaare zum Schalten von Bremsen, die zum beschleunigten Stillsetzen einer Vorschubbewegung eingebaut werden. Abbildung 1 zeigt eine Ausführungsbeispiel eines solchen Tasters in schematischer Darstellung, wie er für eine mittlere Drehbank benutzt wird. Beim Drehvorgang sind beispielsweise

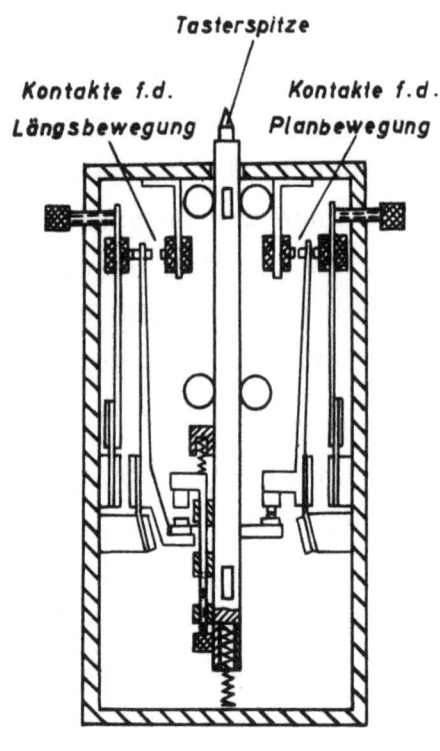

Abbildung 1
Schema eines elektr. Kontaktfühlers (nach Heidenreich & Harbeck)

folgende Vorschubbewegungen zu schalten: die Planvorbewegung, die Planrückbewegung, die Längsvorbewegung und die Längsrückbewegung.

Als Stellglied werden häufig Elektromagnetkupplungen verwendet, die den konstant durchlaufenden Vorschubmotor mit den Antriebselementen der jeweiligen Vorschubrichtung verbinden. Die hier vorliegenden Ergebnisse beziehen sich auf ein System, bei dem ein Kontaktfühler über einen Röhrenverstärker Magnetventile schaltet, welche den Arbeitskolben des Plan- und Längssupportes einen Energiestrom in Form einer Druckölmenge zuführen. Auf Abbildung 2 ist ein solches Magnetventil schematisch aufgetragen.

Die Betätigung des Steuerkolbens (1) erfolgt durch den Elektromagneten (2) über den Kipphebel (3). Die Feder (4) bewirkt die Rückkehr des Steuerkolbens in die Ausgangslage, wenn das Magnetfeld abgebaut wird.

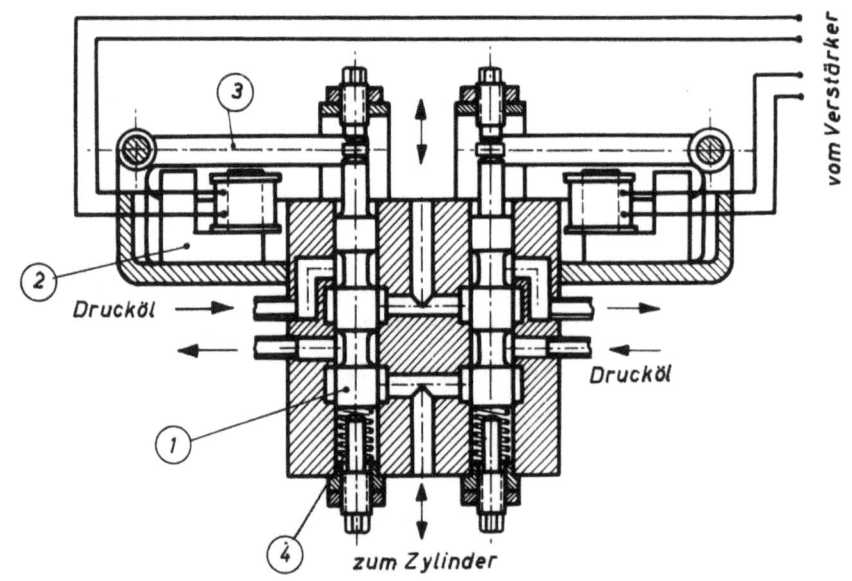

Abbildung 2
Magnetventil (nach Heidenreich & Harbeck)

Nach BUCHMEIER [3] liegt die erreichbare Schaltfrequenz dieses Magnetventils mit dem vorgeschalteten Röhren-Verstärker im Leerlauf bei 120 Hz, bei Öldurchfluß sinkt die mögliche Schaltspielzahl auf 60 ÷ 80 je Sekunde ab. Dieses Absinken der Schaltfrequenz wird auf die Reaktionskräfte des Ölstrahles im Steuerspalt zurückzuführen sein [7].

Abbildung 3 a zeigt das Blockschaltbild des gesamten Folgeregelkreises. Für jede Bewegungsrichtung stellt der Kontaktfühler einen Dreipunktschalter entsprechend den drei möglichen Signalen: "Vor", "Halt" und "Rück" dar. Die restlichen linearen Glieder: Verstärker, Magnetventil und Vorschubkolben können näherungsweise zu einem integralen Regelkreisglied mit einer Totzeit zusammengefaßt werden, wie aus Abbildung 3 b

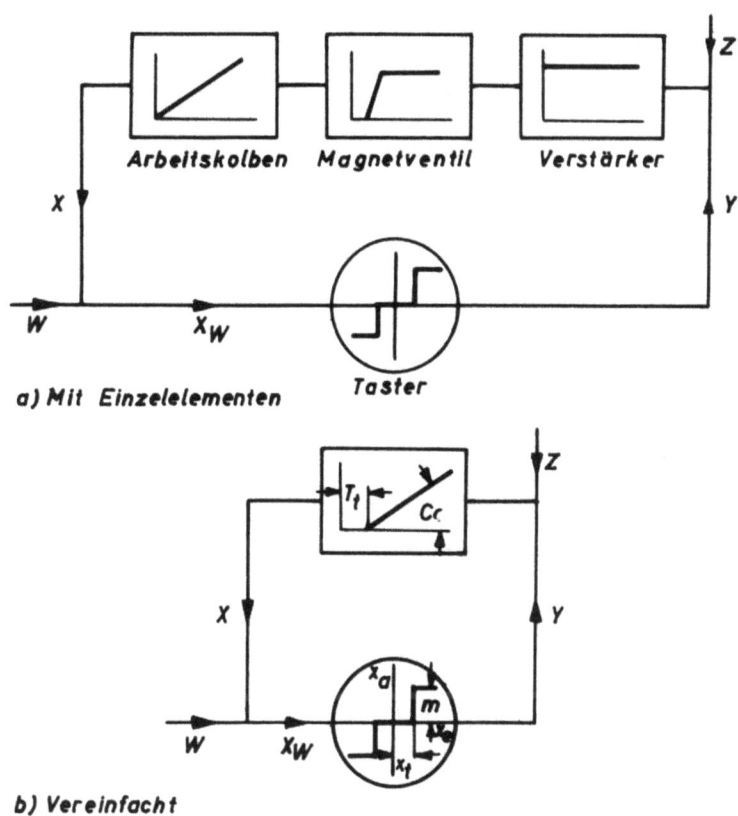

Abbildung 3
Blockschaltbild eines unstetigen Folgeregelsystems

hervorgeht. Es werden dabei die Glieder 2. und 3. Ordnung des hydraulischen Vorschubantriebes durch Kolben und Zylinder vernachlässigt. Es ist nachgewiesen worden [8], daß diese Vereinfachung bei relativ kleinen bewegten Massen und geringem Einfluß der Öl-Kompressibilität und der Elastizität der Ölleitungen ohne großen Fehler möglich ist.

Bei Systemen mit Kupplungen ist diese Vereinfachung nur unter besonderen Bedingungen möglich [5], da nach Anziehen der Ankerscheibe einer Magnetkupplung die Lamellen zunächst gegeneinander schlüpfen und sich erst allmählich ein Moment bzw. eine Abtriebsdrehzahl aufbaut. Obwohl also die vereinfachende Annahme eines linearen Geschwindigkeitsanstieges nach der Totzeit nicht für alle Systeme exakt ist, können aus den Ergebnissen dieser Betrachtungen Schlüsse gezogen werden, die allgemeine Gültigkeit haben.

3. Stationäres Verhalten

3.1 Maximalkräfte und Geschwindigkeiten

Entsprechend den drei Schaltstellungen des Tasters für jede Vorschubrichtung bestehen für sie nur diese drei stationären Zustände. Beim Schalten des entsprechenden Kontaktes stehen für die jeweilige Vorschubrichtung eine bestimmte Geschwindigkeit bzw. beim Anlaufen an einen Anschlag eine bestimmte Maximalkraft zur Verfügung.

Bei dem untersuchten System ergab sich die Geschwindigkeit bei Leerlauf aus der jeweiligen Einstellung der entsprechenden stufenlos verstellbaren Vorschubpumpe, die Maximalkraft aus der Einstellung des Maximaldruckventils des hydraulischen Kreises.

3.2 Ermittlung des Kennlinienfeldes

Da beim Nachformdrehen dem Aggregat sowohl Geschwindigkeiten als auch Kräfte abverlangt werden, interessiert der Verlauf der Geschwindigkeit als Funktion der Last im stationären Zustand.

Zur Ermittlung dieser Abhängigkeit wurde ein Versuchsaufbau gewählt, wie er auf Abbildung 4 ersichtlich ist.

Mittels einer Stellschraube wird der Taster auf die der zu untersuchenden Vorschubrichtung entsprechende Kontaktstellung eingestellt. Der Schlitten bewegt sich beispielsweise wie auf der Abbildung vorwärts und belastet einen Kraftmeßbügel. Ist die Maximalkraft erreicht, so bleibt der Schlitten stehen. Aufgenommen wird der Schlittenweg über der Zeit während der Belastung des Meßbügels. Mit Hilfe der Federkonstante des Kraftmessers kann damit der Anstieg der Schlittenkraft über der Zeit ermittelt werden.

Das Diagramm auf Abbildung 4 zeigt den Anstieg der Schlittenkraft bzw. des Schlittenweges über der Zeit für verschiedene Schlittengeschwindig-

keiten. Die Kurven haben einen ziemlich linearen Anstieg, der um so
größer ist, je höher die eingestellte Geschwindigkeit ist.

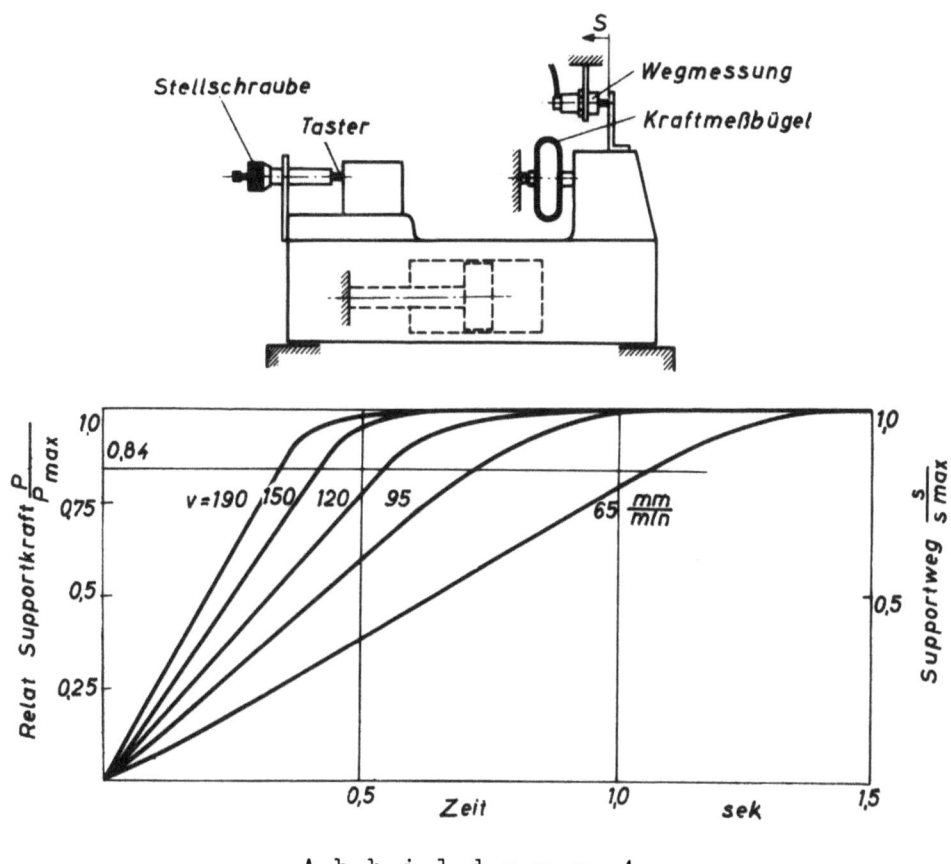

Abbildung 4
Ansteigen der Supportkraft über der Zeit
bei verschiedenen Geschwindigkeiten

Da sowohl der Weg als auch die Kraft über der Zeit gemessen werden, kann daraus für jede Kraft die dazugehörige Geschwindigkeit des Schlittens ermittelt werden. Auf Abbildung 5 ist der aus Abbildung 4 ermittelte Verlauf der Geschwindigkeit über der Kraft aufgetragen. Es zeigt sich, daß die Geschwindigkeit bis zu hohen Belastungen konstant bleibt, erst von da ab fällt sie bis auf Null bei $P = P_{max}$.

Diese Lastunabhängigkeit des Systems im stationären Zustand erklärt sich aus seinem Aufbau. Die stufenlos verstellbare Vorschubpumpe fördert weitgehend unabhängig von der Belastung solange Öl in den Zylinderraum, bis das Maximaldruckventil innerhalb eines geringen Bereiches vor Maximaldruck öffnet.

Allgemein läßt sich sagen, daß die Abhängigkeit der Geschwindigkeit von der Belastung im stationären Zustand durch die Eigenschaften des jeweiligen Vorschubantriebes gekennzeichnet ist.

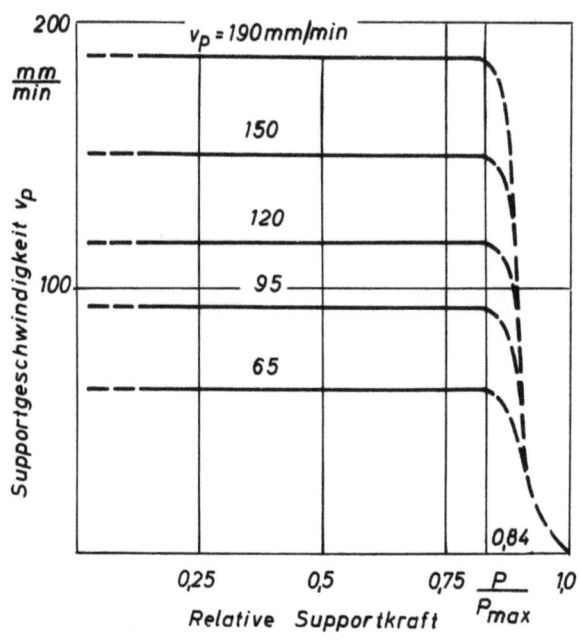

Abbildung 5

Kennlinienfeld eines unstetigen Systems (1. Quadrant)

4. Dynamisches Verhalten

Das Verhalten des unstetigen Folgesystems unter der Wirkung einer Störgröße oder Führungsgröße ist durch einen ständigen Wechsel zwischen den den Schaltstellungen des Tasters entsprechenden Bewegungszuständen gekennzeichnet. Diese Schwingungen des Systems werden auch als Arbeitsbewegung bezeichnet. Besondere Bedeutung für die Höhe der Schaltamplituden und für die Häufigkeit der Schaltungen kommt dabei der Totzeit des Systems zu.

4.1 Totzeiten des Systems

Die zwischen Schalten eines Kontaktpaares und entsprechender Bewegungsänderung vergehende Zeit wird als Totzeit bezeichnet. Zur Messung derselben müssen alle durch die Kontaktgabe bewirkten Vorgänge bis zur Bewegungsänderung betrachtet werden. Bei der Untersuchung des elektrohydraulischen Systems wurden daher folgende Größen über der Zeit mittels Oszillographen geschrieben:

   der Erregerstrom des Magnetventils,
   die Ventilbewegung,
   der Druckverlauf und
   die Relativbewegung zwischen Taster und Schlitten.

Abbildung 6 zeigt ein derartiges Oszillogramm, aus dem der Verlauf der einzelnen Größen über der Zeit zu ersehen ist. Der Relativbewegung zwischen Taster und Schlitten sind Störschwingungen überlagert, die von der Schablone auf den Taster übertragen werden.

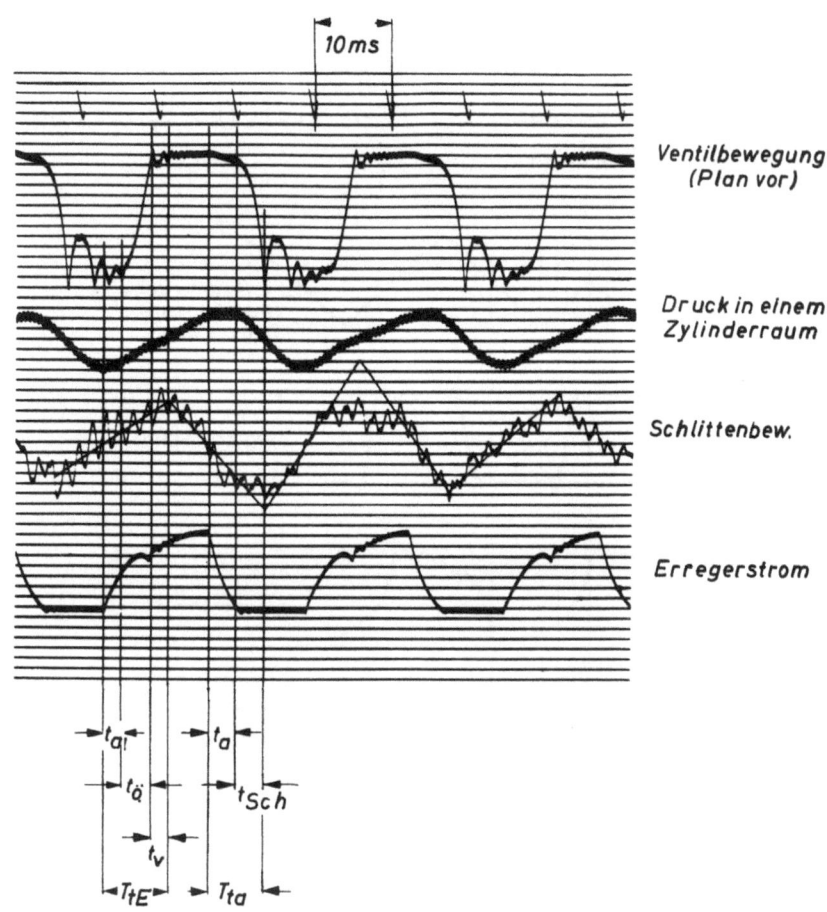

Abbildung 6
Oszillogramm des Bewegungsablaufes eines unstetigen Systems

Nach Abbildung 7, die die Verhältnisse schematisch wiedergibt, setzt sich die Totzeit aus drei Anteilen zusammen:

t_a = "Ansprechzeit" vom Einschalten des Stromes bis zum Anziehen des Ventils,

$t_ö$ = Zeit, die das Ventil zum Durchlaufen seines Hubes benötigt: "Öffnungszeit",

t_v = Zeit, die nach Öffnen des Ventils vergeht, bis der Schlitten sich bewegt: "Verzugszeit".

Die Zeit vom Schalten des Kontaktes bis zum Ansprechen des Erregerstromes kann vernachlässigt werden. Für den Ausschaltvorgang, dem die gleiche

Bedeutung wie dem Einschaltvorgang zukommt, gelten entsprechend die Bezeichnungen:

$$t_a = \text{Ansprechzeit,}$$
$$t_{sch} = \text{Schließzeit,}$$
$$t_v = \text{Verzugszeit.}$$

Für das betrachtete System haben die Totzeiten für den Einschaltvorgang T_{tE} und für den Ausschaltvorgang T_{tA} etwa dieselbe Größe, was für die weiteren Betrachtungen von Bedeutung ist.

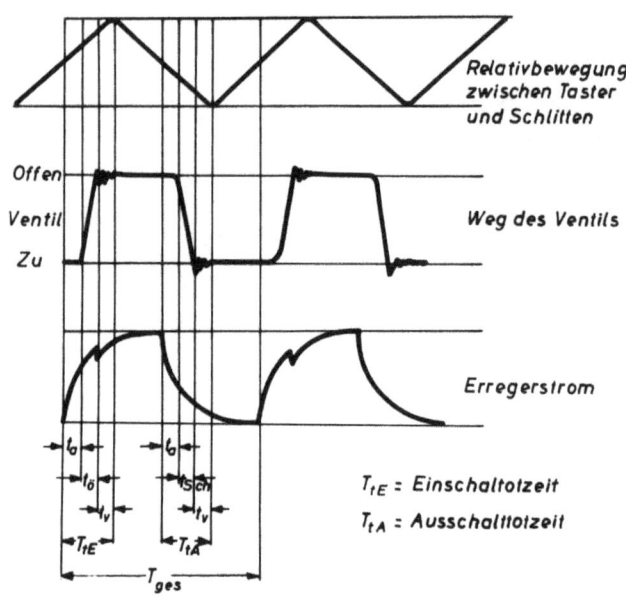

A b b i l d u n g 7
Schematische Darstellung des Bewegungsablaufes

4.2 Verhalten bei Einwirken einer Störgröße

Die an dem Nachformaggregat in Form von Schnittlast, Massen- oder Reibungskraft angreifende Belastung kann als Störgröße aufgefaßt werden, deren Wirkung als Verschiebung des Schlittens relativ zum an der Schablone anliegenden Taster in Einheiten der Stellgröße (also in unserem Falle als Weg) gemessen wird.

Innerhalb der Schaltstellung "Planschlitten halt", d.h. innerhalb der toten Zone $2 X_t$ des Tasters sind beide Seiten des Arbeitskolbens durch das entsprechende Steuerventil abgeschlossen. Bei Supportbelastung durch die Schnittkraft wird Lecköl durch die Dichtflächen gepreßt, so daß sich je nach Last eine bestimmte Rückdränggeschwindigkeit des Schlittens einstellt.

Zur Ermittlung der Rückdrängung des Supportes unter Belastung wurde ein in Abbildung 8 a dargestellter Versuch am offenen Kreis durchgeführt. Der Taster wird mittels einer am Schlitten befestigten Stellschraube auf "Plan vor" gestellt, so daß der Planschlitten an einen Kraftmeßbügel fährt, der sich gegen das Maschinenbett abstützt. Bei Erreichen der Maximalkraft bleibt der Plansupport stehen. Jetzt wird der Taster mittels der Stellschraube auf Schaltstellung "Plan halt" gestellt. Die auf den Plansupport ausgeübte Belastung durch den Kraftmeßbügel bewirkt eine Rückdrängung, die mit einem induktiven Geber aufgenommen und in Abbildung 9 über der Zeit aufgetragen wurde. Es zeigte sich, daß die Rückdrängung sehr stark mit der Öltemperatur ansteigt, da die mit steigender Temperatur abfallende Zähigkeit des Öles eine Erhöhung der Lecköllmenge bewirkt.

Beim Zurückweichen des Supportes entspannt sich der Kraftmeßbügel, und die Belastung fällt proportional zum Weg ab. Auf Abbildung 9 ist der Kraftabfall am Meßbügel in Prozent der Maximalkraft auf dem 2. Maßstab der Ordinate aufgetragen.

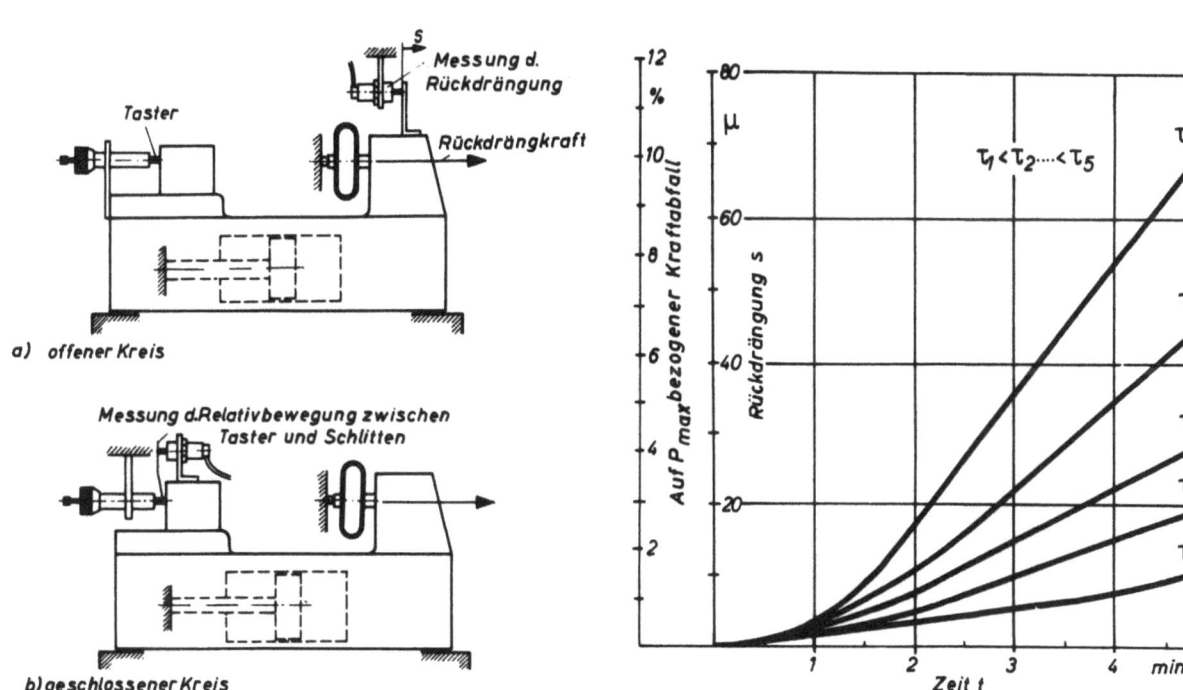

Abbildung 8
Versuchsaufbau zur Untersuchung des unstetigen Systems unter Belastung

Abbildung 9
Rückdrängung des Supports über der Zeit

Wird der oben beschriebene Versuch am geschlossenen Folgeregelkreis - wie auf Abbildung 8 b gezeigt - durchgeführt, in dem die Stellschraube zur Verstellung des Tasters nicht am Schlitten, sondern etwa am Schablonenhalter befestigt war, so erhält man das Verhalten des Systems unter Störgrößeneinwirkung. Es ergibt sich dabei eine auf Abbildung 10 dargestellte Schaltbewegung.

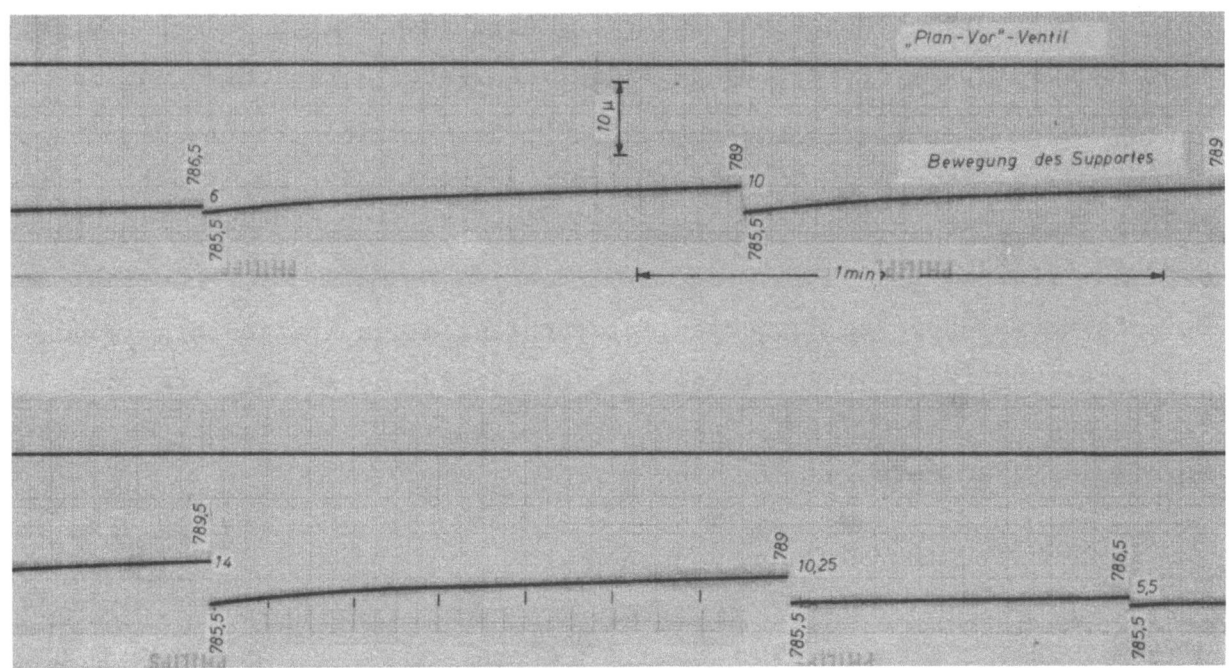

Abbildung 10
Gemessene Schaltbewegung des Systems unter Maximallast

Zur Ermittlung der hierbei interessierenden Schaltamplitude sind auf Abbildung 11 die geometrischen Verhältnisse für das Längsdrehen bei Einwirkung der Störgröße dargestellt. Der Längsvorschub v_L läuft dabei von rechts nach links konstant durch. Zu dieser Geschwindigkeit wird geometrisch die Rückdränggeschwindigkeit $v_{Lö}$ addiert. Der Support wird so lange relativ zum Taster zurückgedrängt, bis bei Punkt E der Planvor-Kontakt schaltet und nach der Totzeit T_{tE} die Geschwindigkeit v_p einsetzt. Bei Punkt A wird v_p abgeschaltet, so daß nach der Abschalttotzeit T_{tA} in Punkt A' der Schlitten wieder mit der Geschwindigkeit $v_{Lö}$ zurückläuft. Die Höhe der entstehenden Schaltamplitude ergibt sich zu:

$$2 x_o = x_{o1} + x_{o2} = v_L (T_{tA} \cdot tg\beta + T_{tE} \cdot tg\delta)$$

$$2 x_o = v_p \cdot T_{tA} + V_{Lö} \cdot T_{tE}.$$

Da die Rückdränggeschwindigkeit $v_{Lö}$ sehr klein ist gegenüber der Plangeschwindigkeit v_p, ist das Glied mit $v_{Lö}$ vernachlässigbar. Es ist damit

$$2 x_o \approx v_p \cdot T_{tA}.$$

Die Schaltamplitude zum Ausgleich der Störgröße wird um so größer, je größer die Plangeschwindigkeit v_p und die Ausschalttotzeit T_{tA} ist.

Die Einwirkung der Störgröße hat somit zur Folge, daß die Kontur beim Längsdrehen nicht exakt zylindrisch wird, sondern aus leicht kegeligen Stücken zusammengesetzt ist. Der auf Abbildung 10 gezeigte Verlauf gibt die Verhältnisse unter Maximallast wieder. Die Last hat hierbei nur Einfluß auf die Schaltfrequenz, nicht auf die Größe der Schaltamplitude $2 x_o$. Je geringer die Last ist, um so seltener wird eine Schaltung erfolgen, da mit ihr die Leckverluste kleiner werden.

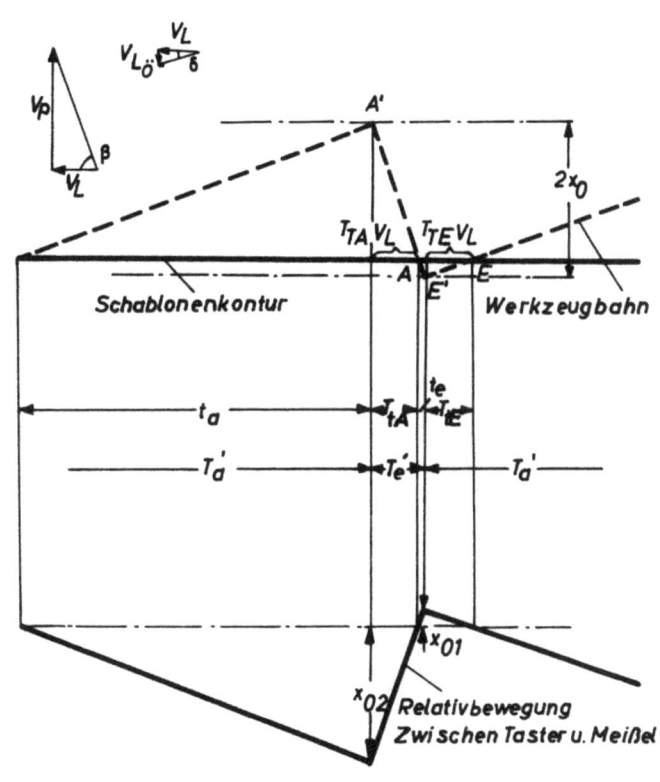

A b b i l d u n g 11
Geometrische Verhältnisse bei Einwirken der Störgröße

4.3 Verhalten unter einer Führungsgröße

Die wichtigste Aufgabe einer Folgeregelung ist das möglichst fehlerlose Befolgen einer vorgegebenen Führungsgröße. Da das betrachtete unstetige System nur zwei Bewegungszustände für die jeweilige Vorschubrichtung inne haben kann, nämlich "Vorschub ein" und "Vorschub aus", wird die Bahn des dem Taster nachfolgenden Werkzeuges nicht stetig, sondern stufenförmig sein, indem es dem Taster einmal vor und einmal nacheilt.

Die Güte der unstetigen Folgeregelung ist durch die Höhe der Schaltamplitude und die Schaltfrequenz der Arbeitsbewegung gekennzeichnet. Die nachfolgenden Betrachtungen zeigen, daß die sich einstellenden Schaltfrequenzen und Amplituden an Konturneigungen von folgenden Größen abhängen:

1. von den Totzeiten T_{tE} und T_{tA} des Systems
2. von dem Konturneigungswinkel α
3. von dem Verhältnis der Geschwindigkeiten in
   Plan- und Längsrichtung $\frac{v_P}{v_L} = \text{arc tg} \beta$
4. von dem Einstellwinkel γ des Tasters zur Drehbankachse.

Bei dem betrachteten System werden zwei senkrecht zueinander stehende Koordinaten gesteuert, wie aus der schematischen Darstellung des Tasters auf Abbildung 1 hervorgeht. Da der Taster für jede der beiden Koordinaten einen Dreipunktschalter darstellt, muß das Verhalten für die Vorschubrichtungen "Plan" und "Längs" gesondert behandelt werden.

4.31 Führungsverhalten in Planrichtung

Dem Führungsverhalten des Planvorschubes kommt dabei besondere Bedeutung zu, da durch ihn die Genauigkeit der beim Drehen sehr eng tolerierten Durchmesser bestimmt wird.

4.31.1 Schaltfrequenz f_s

Abbildung 12 zeigt die geometrischen Verhältnisse für den Fall, daß die Längsgeschwindigkeit v_L konstant durchläuft und die Plangeschwindigkeit v_p jeweils zugeschaltet wird. Die durch eine starke Vollinie dargestellte Schablonenkontur und die dazu gehörige gestrichelt gezeichnete Werkzeugbahn sind übereinander aufgetragen. In Wirklichkeit sind sie örtlich von einander entfernt.

Der Längsschlitten bewege sich zunächst mit der Geschwindigkeit v_L in Längsrichtung. Der Planschlitten mit dem Taster ist relativ zum Längsschlitten in Ruhe, dadurch wird der Taster durch die Schablone nach hinten gedrückt. Bei E wird der Kontakt für den Planrückvorschub betätigt; dieser setzt aber erst nach der Totzeit T_{tE} bzw. nach der Strecke $v_L \cdot T_t$ in Punkt E' ein. Der Taster wird dadurch um x_{o1} eingedrückt. Die sich einstellende Geschwindigkeit $\bar{v}_p$ addiert sich geometrisch aus der konstant durchlaufenden Längsgeschwindigkeit v_L und der zugeschalteten Plangeschwindigkeit v_p. Der Winkel, unter dem diese Geschwindigkeit $\bar{v}_p$ verläuft, muß steiler sein als die Schablonenkontur, damit dieser Kontakt wieder abgeschaltet werden kann.

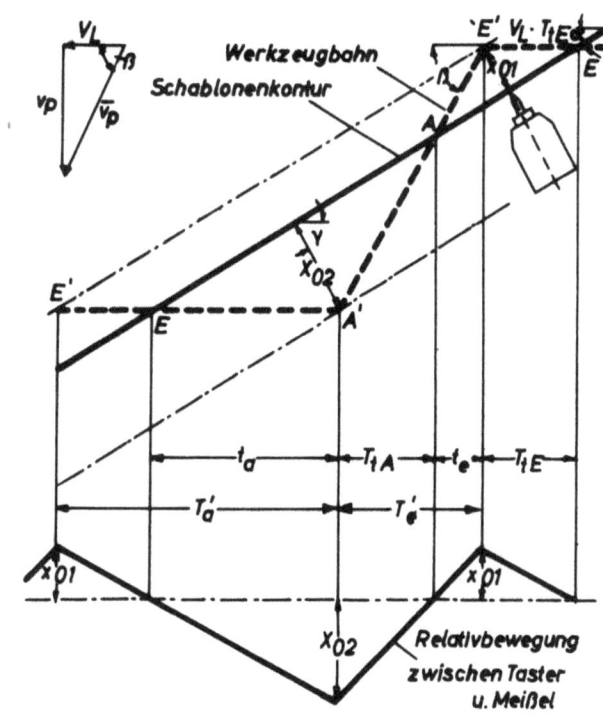

Abbildung 12

Geometrische Verhältnisse beim Nachformen einer geneigten Kontur
(Planvorschub schaltet)

In Punkt A hat der Schlitten die Schablonenkontur wieder überholt und der Planrück-Vorschub wird abgeschaltet. Das erfolgt aber nicht augenblicklich, sondern erst nach der Ausschalttotzeit T_{tA} in Punkt A'. Der Schlitten bleibt nun wieder stehen, bis der Taster um das Stück x_{o2} eingedrückt worden ist und der Planvorschub erneut schaltet.

Der Zeitabschnitt zwischen zwei Punkten E, d.h. vom Einschalten von v_p über das Abschalten zum erneuten Einschalten ist ein Schaltzyklus, der in der Zeit T_{ges} erfolgt. Bei der Untersuchung des Systems wird nicht die Absolutbewegung wie auf Abbildung 12, sondern die Relativbewegung zwischen Werkzeug und Schlitten aufgenommen, wie sie auf Abbildung 13 unten für drei verschiedene Konturneigungen dargestellt sind. Als Zeit für einen Schaltzyklus ergibt sich aus den geometrischen Verhältnissen:

$$T_{ges} = tg\beta \left(\frac{T_{tE}}{tg\beta - tg\alpha} + \frac{T_{tA}}{tg\alpha} \right)$$

Stimmen wie bei dem untersuchten System T_{tE} und T_{tA} weitgehend überein, so kann gesetzt werden:

$$T_{tE} = T_{tA} = T_t$$

Damit wird:

$$T_{ges} = T_t \cdot tg\beta \left(\frac{1}{tg\alpha} + \frac{1}{tg\beta - tg\alpha} \right) .$$

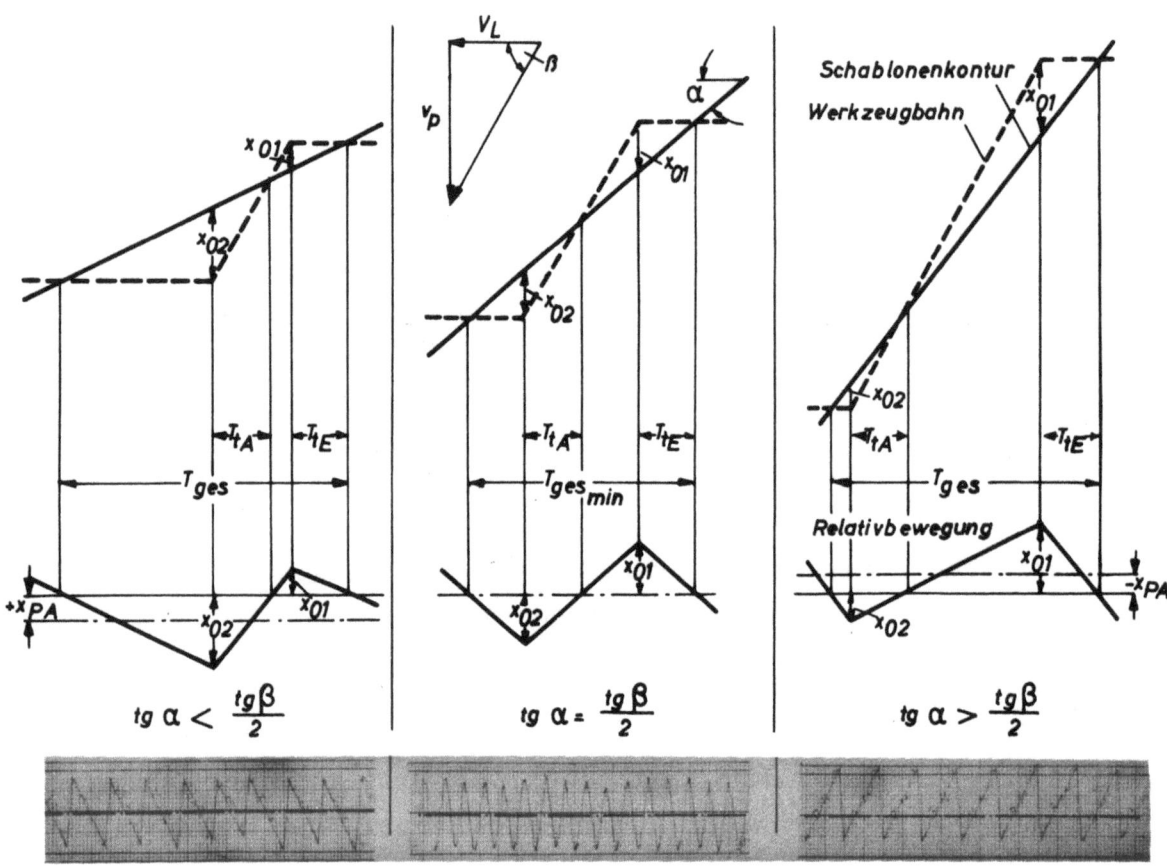

Abbildung 13

Bewegungsablauf bei verschiedenen Konturneigungen

Der Kehrwert dieser Zeit ist die Schaltfrequenz f_s. Sie ist in Abbildung 14 über dem Konturneigungswinkel α mit β als Parameter in dimensionsloser Darstellung aufgetragen. Es zeigt sich, daß für jedes eingestellte Geschwindigkeitsverhältnis $v_p/v_L = tg\beta$ für $\alpha = 0$ und $\alpha = \beta$ keine Schaltung erfolgt, d.h. $f_s = 0$ ist.

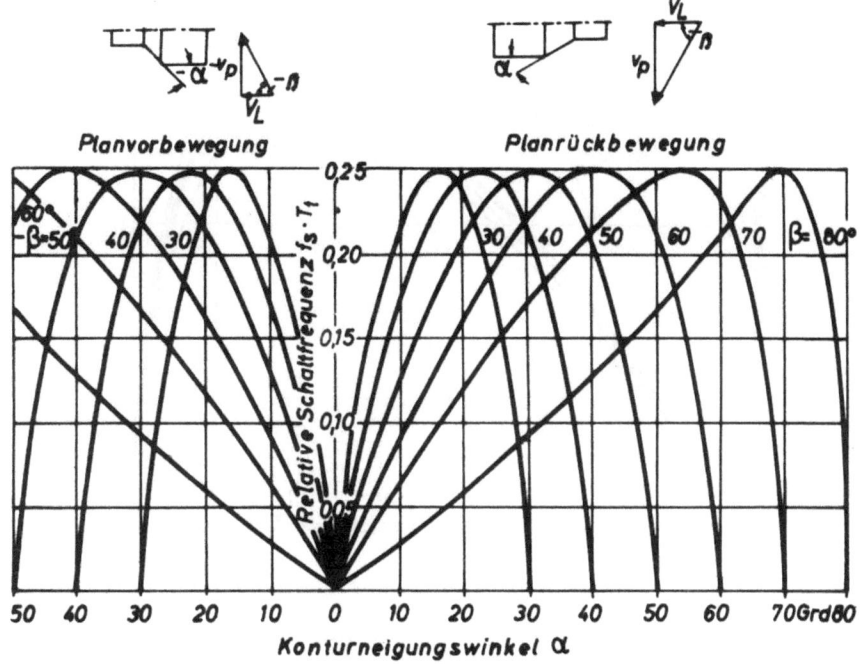

Abbildung 14

Relative Schaltfrequenz über dem Konturneigungswinkel

Diese beiden Sonderfälle liegen also einmal bei einer zylindrischen Kontur vor und bei einer Konturneigung, bei der das Verhältnis der Geschwindigkeiten v_p/v_L gerade so groß ist, daß die resultierende Geschwindigkeit parallel zur Kontur verläuft.

Zwischen $\alpha = 0$ und $\alpha = \beta$ liegt ein breites Maximum der Schaltfrequenz mit dem Extremwert: $f_{smax} = \frac{1}{4T_t}$ bei $tg\alpha = \frac{1}{2} tg\beta$. Diese optimale Bedingung liegt vor, wenn die Werkzeugbewegung genau symmetrisch zur Schablonenkontur liegt, wie auf Abbildung 13 im mittleren Bild dargestellt. Als Relativbewegung ergibt sich dabei eine gleichmäßige Dreieckschwingung. Bei steileren oder flacheren Konturen wird die Schaltfrequenz geringer, und es ändert sich auch die Form der Dreieckschwingung.

Die Voraussetzung, daß die Einschalt- und Ausschalttotzeit in ihrer Größe übereinstimmen, ist nicht immer gültig. Bei manchen Systemen kann die Abschalttotzeit T_{tA} kleiner sein als die Einschalttotzeit T_{tE}. In Abbildung 15 ist die Schaltfrequenz f_s über dem Konturneigungswinkel α für $\beta = 70°$ mit dem Verhältnis T_{tE}/T_{tA} als Parameter aufgetragen. T_{tE}/T_{tA} wurde mit 1,0; 1,25; 1,5 und 2 eingesetzt, wobei jedoch die Summe der Totzeiten konstant gehalten wurde ($T_{tE} + T_{tA} = 2 T_t$). Es zeigt sich, daß die Schaltfrequenz für $T_{tE}/T_{tA} > 1$ nur unwesentlich absinkt und daß die Maxima breiter werden.

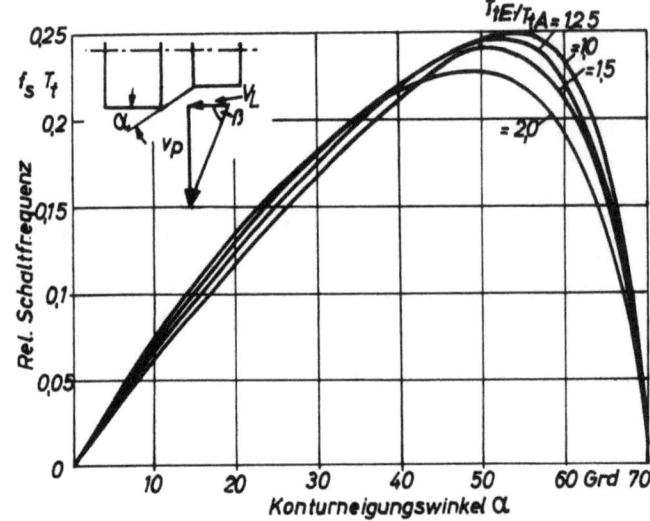

Abbildung 15
Schaltfrequenz für verschiedene Verhältnisse T_{tE}/T_{tA} ($\beta = 70°$)

Auf Abbildung 16 ist die Schaltfrequenz über dem Winkel $\beta = \text{arc tg}\frac{v_p}{v_L}$ für verschiedene Konturneigungen α aufgetragen. Aus dieser Darstellung läßt sich ersehen, wie sich beim Bearbeiten einer bestimmten Konturneigung α die Schaltfrequenz ändert, wenn das Verhältnis v_p/v_L verstellt wird. Die Maximalfrequenz ergibt sich hierbei entsprechend, wenn $\text{tg}\beta = 2\,\text{tg}\alpha$ ist.

Aus Abbildung 12 ist ersichtlich, daß sich die Zeit für einen Schaltzyklus T_{ges} aufteilen läßt in einen Zeitabschnitt Te', während der der geschaltete Vorschub in Aktion ist und in eine Zeit Ta', während der er abgeschaltet ist. Bei einem Konturneigungswinkel von $\alpha = 0°$ - d.h. zylindrischer Kontur - ist der Vorschub nicht eingeschaltet und Te' = 0.

Mit wachsendem Winkel α muß der Vorschub immer länger eingeschaltet werden, bis er bei $\alpha = \beta$ ganz eingeschaltet bleibt; Ta' wird damit Null. Über diesen Winkel hinaus kann mit dem "Planrück-Kontakt" nicht mehr gearbeitet werden, und es wird etwa der Längsvorschub geschaltet. Das Verhältnis der Einschaltzeit zur Ausschaltzeit Te'/Ta' muß also über dem Winkel α einen von Null anwachsenden Verlauf haben, der bei $\alpha = \beta$ unendlich wird. Abbildung 17 zeigt diesen Verlauf, wie er sich rechnerisch aus dem Ausdruck $\text{Te'}:\text{Ta'} = \frac{\text{tg}\alpha}{\text{tg}\beta - \text{tg}\alpha}$ bestimmt.

4.31.2 Schaltamplitude 2 x_o

Neben den Schaltfrequenzen interessiert bei der unstetigen Folgeregelung die Schaltamplitude, das ist in Abbildung 12 die Höhe der Schaltstufen

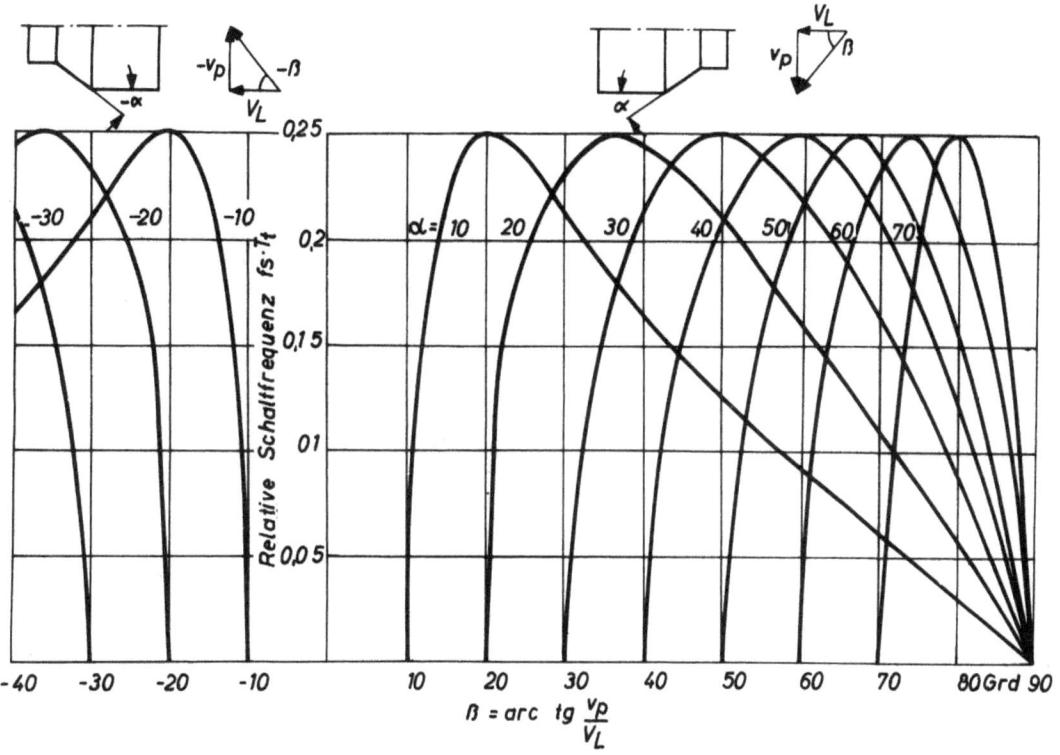

Abbildung 16

Relative Schaltfrequenz über β

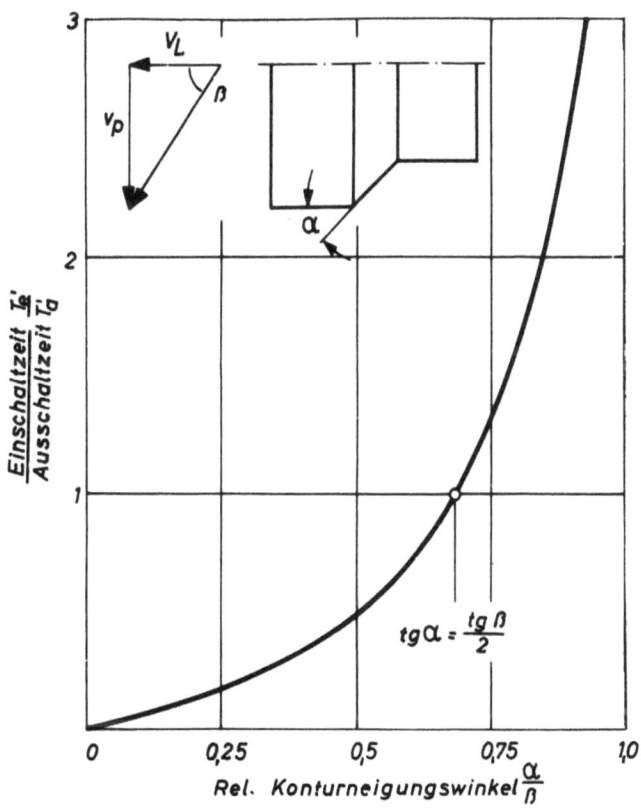

Abbildung 17

Verhältnis von Einschaltzeit zur Ausschaltzeit
über dem Konturneigungswinkel ($\beta = 60°$)

in Richtung der Tasterachse gemessen. Aus den geometrischen Verhältnissen ergibt sich die Schaltamplitude zu

$$2 x_o = x_{o1} + x_{o2} = v_L \left[T_{tE} \frac{\sin\alpha}{\sin(\alpha + \gamma)} + T_{tA} \frac{\sin(\beta - \alpha)}{\cos\beta (\sin(\alpha + \gamma))} \right].$$

Mit der Vereinfachung $T_{tE} = T_{tA} = T_t$ und einigen Umformungen wird daraus:

$$2x_o = v_L T_t \cdot \text{tg}\beta \frac{\cos\alpha}{\sin(\alpha + \gamma)}.$$

Die Schaltamplitude ist außer von α und β noch von dem Tastereinstellwinkel γ abhängig.

Für $\gamma = 90°$, d.h. bei senkrecht zur Drehbankachse angeordnetem Taster bleibt die Amplitude für alle Konturneigungen konstant. Die Amplitude wird dabei

$$2 x_o = v_L T_t \text{tg}\beta = T_t \cdot v_p.$$

Sie ist also in diesem Falle nur von der Totzeit T_t und der Größe des zugeschalteten Vorschubes v_p abhängig.

Durch Verkleinerung von v_p kann man die Schaltamplituden sehr herabsenken. Allerdings wird damit auch der Vorschubbereich eingeengt.

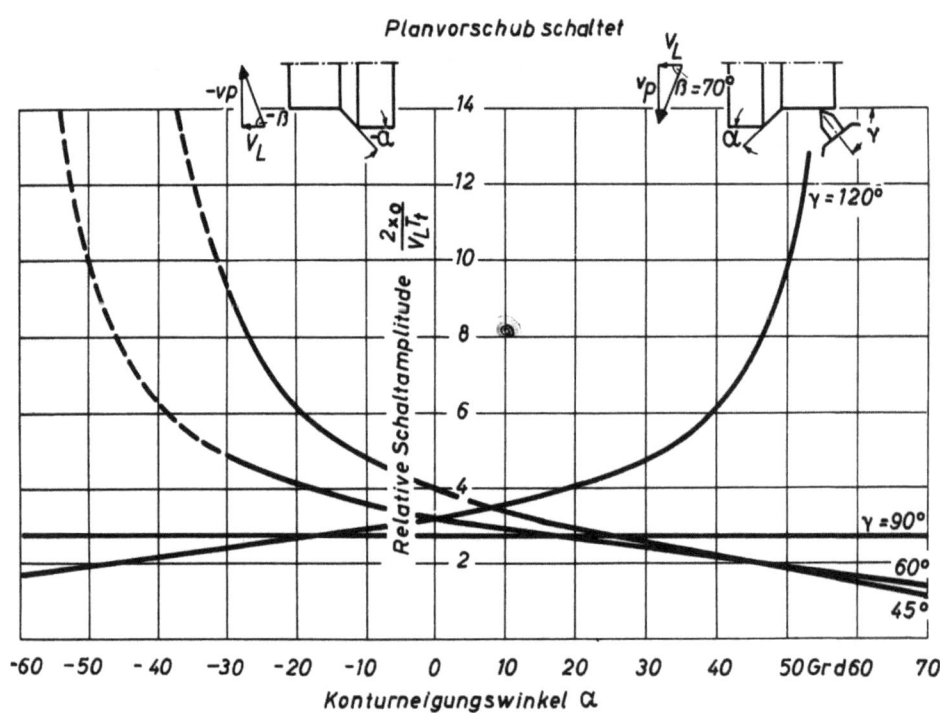

Abbildung 18

Relative Schaltamplitude in Abhängigkeit vom Konturneigungswinkel

Abbildung 18 zeigt die Schaltamplitude über dem Konturneigungswinkel α für ein bestimmtes β mit dem Einstellwinkel γ als Parameter.

Für $\gamma = 90°$ ist die Schaltamplitude für alle α konstant. Bei $\gamma < 90°$ ergibt sich ein von negativen zu positiven α-Werten fallender Verlauf. Wird der Taster im stumpfen Winkel zur Drehbankachse gestellt ($\gamma > 90°$), so ist der Verlauf umgekehrt. Die Schaltamplitude $2x_o$ steigt mit wachsendem α an.

Die Größe der Schaltamplitude ändert sich auch mit dem Winkel β, wie aus dem Ausdruck für $2x_o$ zu ersehen ist.

Der Einfluß des Verhältnisses T_{tE}/T_{tA} auf die Schaltamplitude geht aus Abbildung 19 hervor. Für $\gamma = 60°$ wurde $2x_o$ über dem Konturneigungswinkel α mit T_{tE}/T_{tA} als Parameter aufgetragen, wobei wieder die Summe der Totzeiten konstant angenommen wurde ($T_{tE} + T_{tA} = 2T_t$). Mit anwachsendem T_{tE}/T_{tA} wird der Verlauf flacher und damit der Einfluß des Konturneigungswinkels α auf die Schaltamplitude geringer. In Bezug auf die Schaltamplitude bedeutet das eine Verbesserung des Führungsverhaltens.

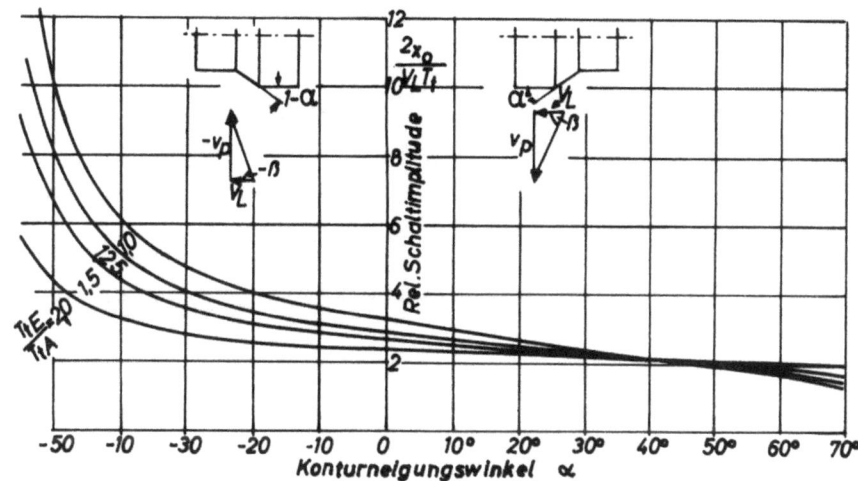

A b b i l d u n g   19

Schaltamplitude für verschiedene Verhältnisse T_{tE}/T_{tA}
($\gamma = 60°$, $\beta = 70°$)

Die auf Abbildung 20 und 21 dargestellten Versuchsergebnisse bestätigen die rechnerisch ermittelten Abhängigkeiten. Abbildung 20 zeigt den charakteristischen Verlauf der Schaltfrequenz über dem Konturneigungswinkel mit den Nullstellen bei $\alpha = 0$ und $\alpha = \beta$.

Die Schaltzeit als Kehrwert der Schaltfrequenz hat den inversen Verlauf zu f_s.

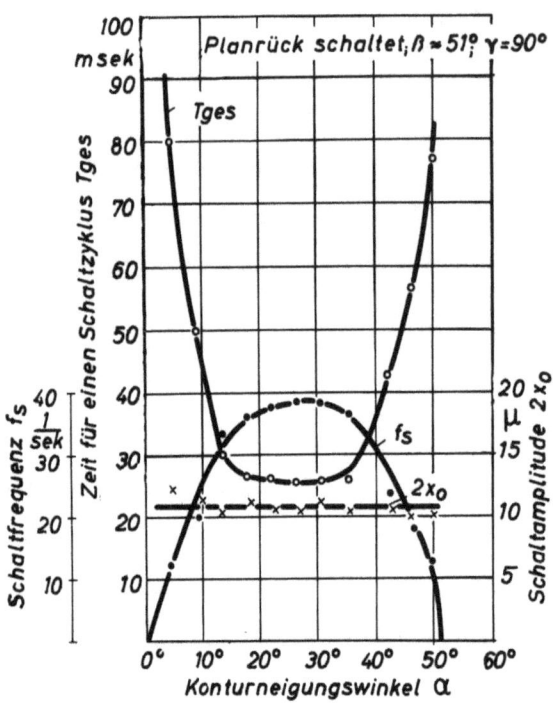

Abbildung 20

Gemessene Werte für Schaltzeit, Schaltfrequenz und
Schaltamplitude über dem Konturneigungswinkel

Die Schaltamplitude bleibt über dem Winkel α konstant, da die Tasterachse senkrecht zu der Drehbankachse eingestellt war.
Auf Abbildung 21 wurden die beim Abfahren einer konstanten Konturneigung ($\alpha = 20°$) erhaltenen Schaltfrequenzen f_S aufgetragen, die sich bei Änderung des Verhältnisses der Geschwindigkeiten v_p/v_L ergaben.

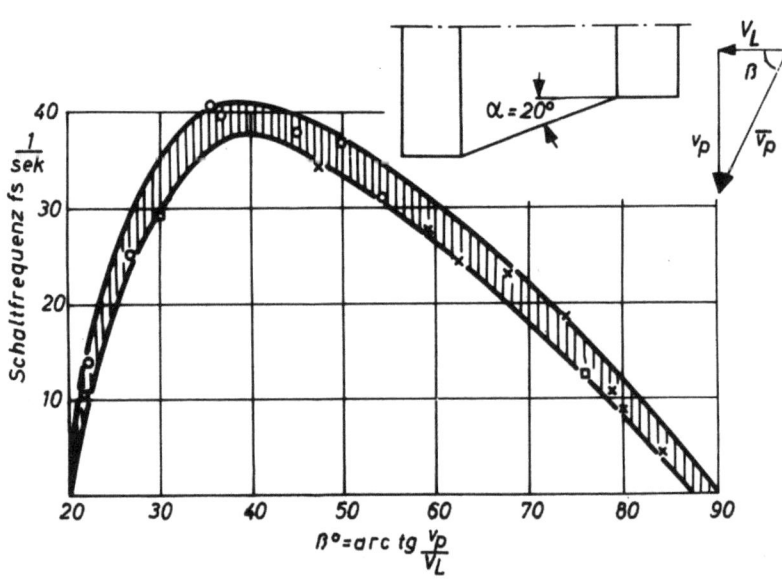

Abbildung 21

Gemessener Verlauf der Schaltfrequenz über β

Seite 24

Die Kurve zeigt den kennzeichnenden Verlauf der rechnerisch ermittelten Kurvenscharen auf Abbildung 16.

4.31.3 Proportionalabweichung

Aus Abbildung 13 ist zu ersehen, daß die Anteile x_{o1} und x_{o2} der Schaltamplitude je nach Konturneigungswinkel α verschiedene Werte annehmen. Bei steilen Konturen wird x_{o1} größer, und es wird mehr vom Werkstück abgetragen als bei flachen Konturen, bei denen x_{o2} überwiegt. Die Abweichung des Mittelwertes der Arbeitsschwingungen von der Schablonenkontur ist:

$$x_{pA} = \frac{x_{o1} + x_{o2}}{2} - x_{o1} = \frac{x_{o2} - x_{o1}}{2} .$$

Aus den geometrischen Beziehungen erhält man dafür:

$$x_{pA} = \frac{1}{2} v_L T_t \left[\frac{\sin(\beta - \alpha)}{\cos\beta \sin(\alpha + \gamma)} - \frac{\sin\alpha}{\sin(\alpha + \gamma)} \right] .$$

Nach einer Umformung wird daraus:

$$x_{pA} = \frac{1}{2} v_L \cdot T_t \frac{\cos\alpha}{\sin(\alpha + \gamma)} \left[\text{tg}\beta - 2\,\text{tg}\alpha \right] .$$

Die Abweichung x_{pA} des Mittelwertes wird Null, wenn die Bedingung: $\text{tg}\alpha = \frac{1}{2} \text{tg}\beta$ erfüllt ist.

Für den Sonderfall $\gamma = 90°$ vereinfacht sich der Ausdruck für x_{pA} zu:

$$x_{pA} = \frac{1}{2} v_L T_t \cdot \left[\text{tg}\beta - 2\,\text{tg}\alpha \right] .$$

In Abbildung 22 ist für diesen Fall x_{pA} über α dimensionslos aufgetragen. Die Vorzeichen sind so gewählt, daß x_{pA} negativ ist, wenn vom Werkstück über den Mittelwert hinaus Material abgetragen wird. Das ist bei positivem α der Fall, wenn $\alpha > \text{arc}\,\frac{1}{2}\text{tg}\beta$ ist. Bei negativem α wird x_{pA} negativ, wenn $\alpha < \text{arc}\,\frac{1}{2}\text{tg}\beta$ ist.

4.31.4 Auswertung von Schrieben der Relativbewegung

Die bei der Untersuchung eines Aggregates erhaltenen Schriebe der Relativbewegung zwischen Taster und Meißel können dazu benutzt werden, etwaige noch unbekannte Größen zu bestimmen.

Abbildung 23 zeigt einen derartigen Schrieb für das untersuche System. Die überlagerten Störschwingungen stammen aus dem Schablonenhalter und

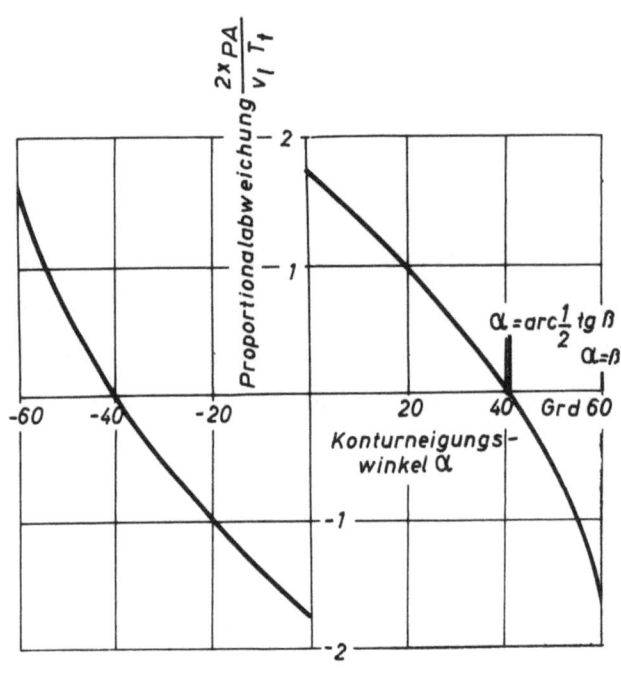

Abbildung 22

Proportionalabweichung über dem Konturneigungswinkel α

($\gamma = 90°$; $\beta = 60°$)

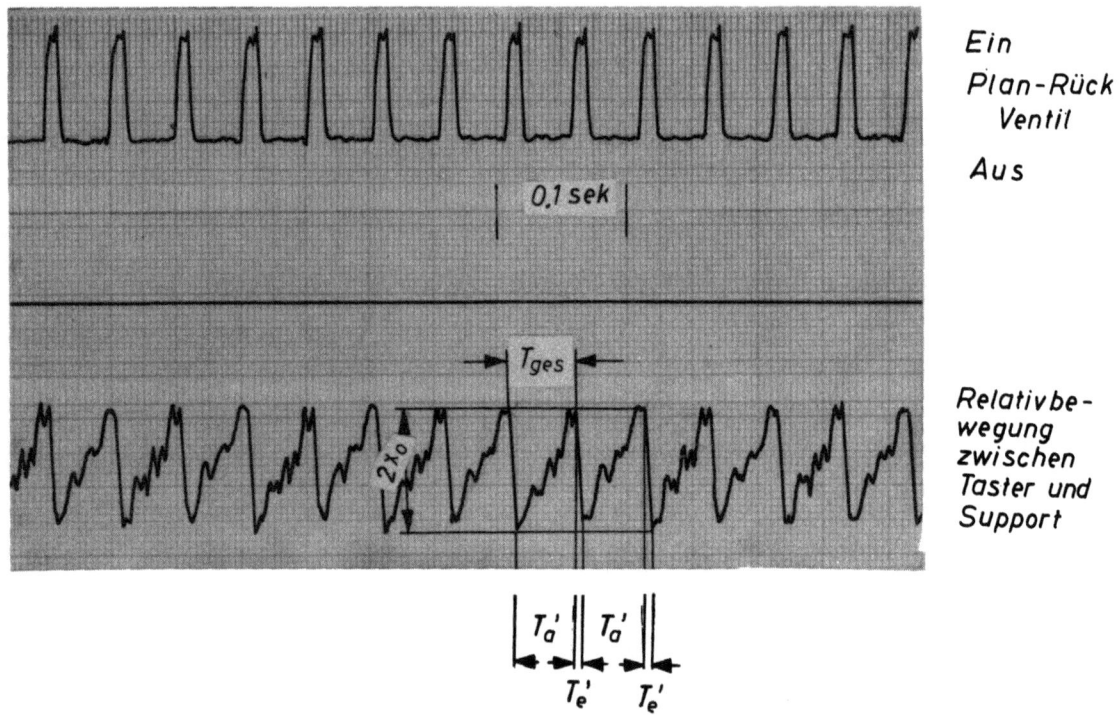

Abbildung 23

Schrieb der Relativbewegung zwischen Taster und Meißel
beim Abfahren einer geneigten Kontur

haben für den Schaltvorgang keine Bedeutung. Fährt man eine definierte Konturneigung ab, so ist der Neigungswinkel und die konstant durchlaufende Längsgeschwindigkeit v_L bekannt. Die Einschalt- und Ausschaltzeiten

Te' und Ta' lassen sich aus dem Schrieb ermitteln. Damit können aus nachfolgenden Beziehungen die gesuchten Größen, wie Schaltamplitude $2\,x_o$ und die Größe der zugeschalteten Geschwindigkeit v_p ermittelt werden:

$$1. \quad 2\,\dot{x}_o = \frac{v_L \cdot Ta' \sin\alpha}{\sin(\alpha + \gamma)}$$

$$2. \quad tg\beta = tg\alpha \left(\frac{Ta'}{Te'} + 1\right)$$

$$3. \quad v_p = v_L \cdot tg\beta$$

4.32 Führungsverhalten in Längsrichtung

Bei Konturen, deren Neigungswinkel α größer ist als Winkel β, läuft der Planvorschub konstant durch, während der Längsvorschub jeweils zu- und abgeschaltet wird. Auf Abbildung 24 sind die geometrischen Verhältnisse für diesen Funktionszustand aufgetragen. Die Ableitung der Beziehungen für Schaltfrequenz und -amplitude ergibt sich aus dem Bild in ähnlicher Weise wie für den Vorgang beim Schalten des Planvorschubes.

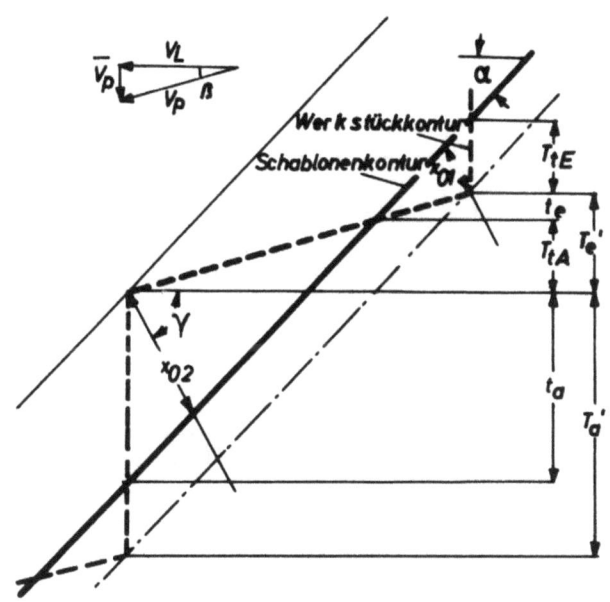

A b b i l d u n g 24
Geometrische Verhältnisse beim Nachformen
einer geneigten Kontur (Längsvorschub schaltet)

Mit der Annahme, daß $T_{tA} = T_{tE} = T_t$ ist, erhält man für die Zeit für einen Schaltzyklus:

$$T_{ges} = T_t \cdot tg\alpha \left(\frac{1}{tg\beta} + \frac{1}{tg\alpha - tg\beta} \right).$$

Die Schaltfrequenz als Kehrwert von T_{ges} ist auf Abbildung 25 mit β als Parameter aufgetragen. Für $\alpha = \beta$ und $\alpha = 90°$ ist f_s Null. Dazwischen liegt wieder ein Maximum mit dem Wert $f_{s\,max} = \frac{1}{4T_t}$.

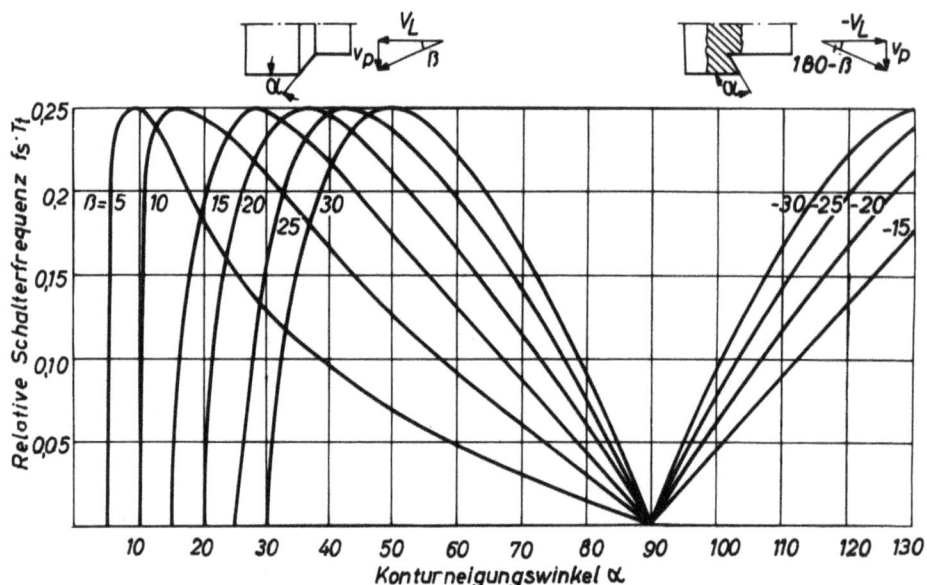

Abbildung 25

Relative Schaltfrequenz über dem Konturneigungswinkel

In Bezug auf die Schaltamplitude zeigt der Funktionszustand "Längsvorschub schaltet" ein anderes Verhalten als bei "Planvorschub schaltet".

Das erklärt sich aus der unterschiedlichen Anordnung des Tasters zu der geschalteten Vorschubrichtung.

Die Schaltamplitude wird:

$$2 x_o = x_{o1} + x_{o2} = v_p \cdot T_t \frac{1}{tg\beta} \frac{\sin\alpha}{\sin(\alpha + \gamma)}.$$

Für $\gamma = 90°$ wird daraus:

$$2 x_o = v_L T_t \cdot tg\alpha.$$

Schon daraus wird ersichtlich, daß $2 x_o$ mit α anwächst. Außerdem steigt $2 x_o$ linear mit dem geschalteten Vorschub v_L an. Auf Abbildung 26 ist die Schaltamplitude über dem Konturneigungswinkel α für ein bestimmtes β mit γ als Parameter aufgetragen. Die Kurven zeigen einen mit α anwachsenden steigenden Verlauf.

Zum Nachweis der Gültigkeit der obigen Beziehungen sei auf Abbildung 27 die Arbeitsbewegung auf einer Kugelkontur gezeigt, wenn der Längsvorschub schaltet.

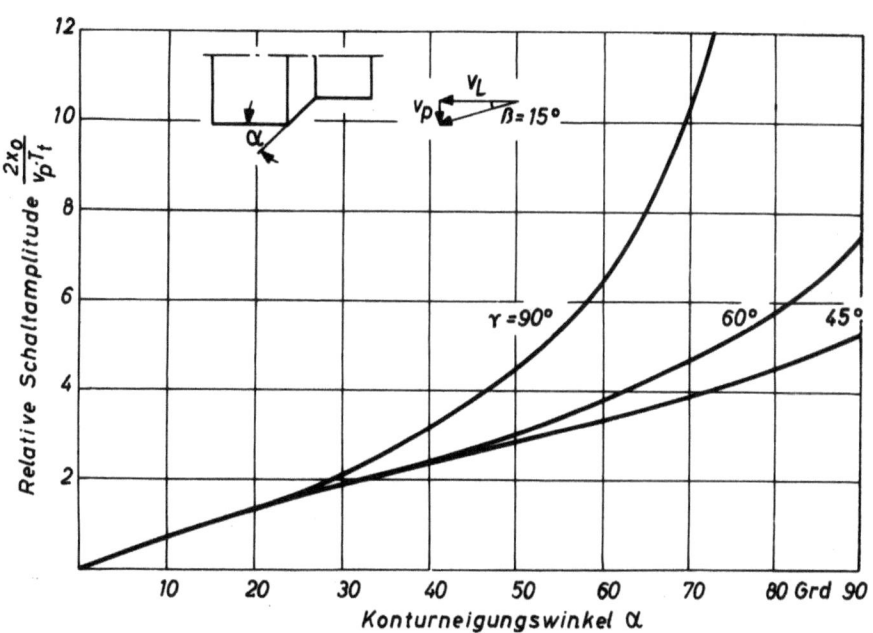

Abbildung 26

Relative Schaltamplitude in Abhängigkeit von Konturneigungswinkel

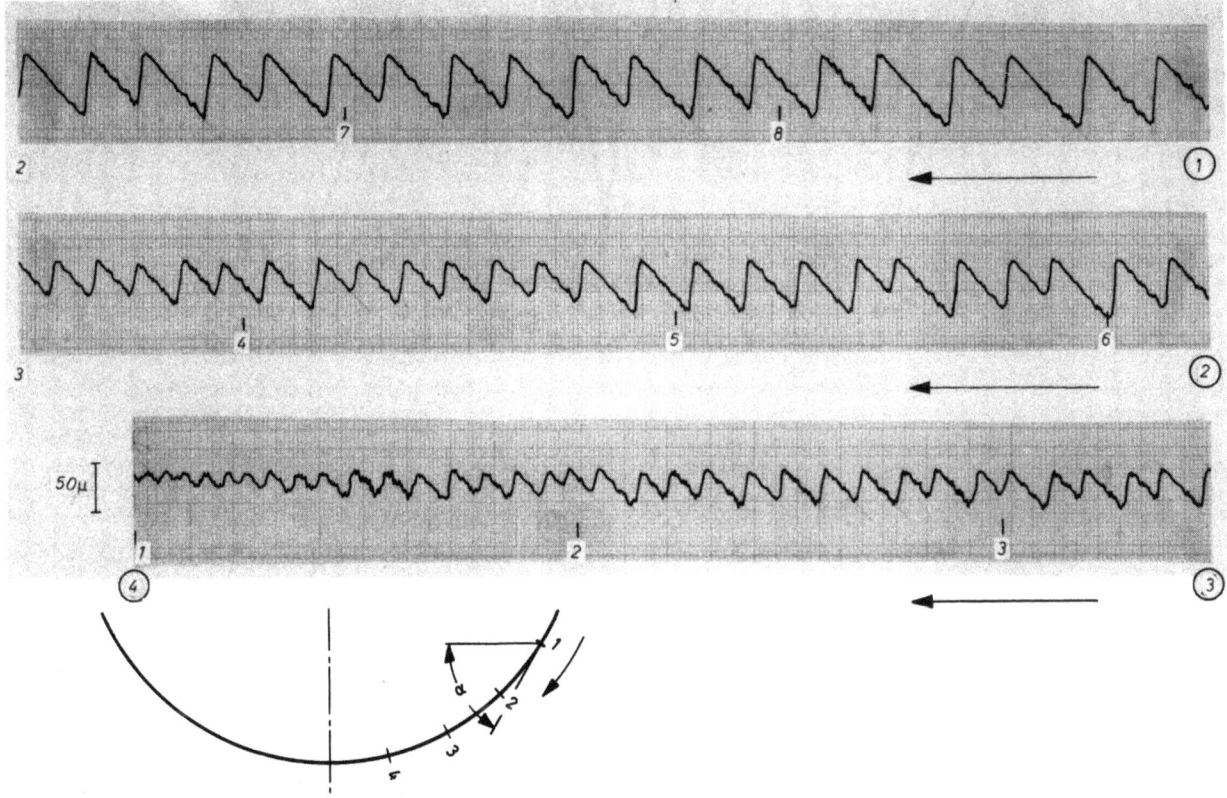

Abbildung 27

Schaltbewegung des Systems auf einer Kugelkontur
(Längsvorschub schaltet $\beta = 4° 40'$, $\gamma = 90°$)

Es ist das Kleinerwerden der Schaltamplitude 2 x_o und das Ansteigen der Schaltfrequenz f_s mit fallender Konturneigung von Punkt 1 bis 4 zu ersehen. Ersetzt man in den Ausdrücken für Schaltfrequenz und -amplitude für den Funktionszustand "Planvorschub schaltet" die Winkel α, β und γ durch 90-α, 90-β und 90-γ, sowie v_L durch v_p, so erhält man die entsprechenden Werte für den Zustand "Längsvorschub schaltet".

Die beiden Zustände sind also analog. Es sind nur die beiden aufeinander senkrecht stehenden Geschwindigkeitsvektoren v_p und v_L vertauscht.

Abbildung 28 zeigt zusammenfassend die Schaltfrequenz über dem überstreichbaren Bereich des Konturneigungswinkels α. Der Bereich beträgt maximal 180°; er wird jedoch durch die Ausbildung des Tasters und Werkzeuges wesentlich eingeengt.

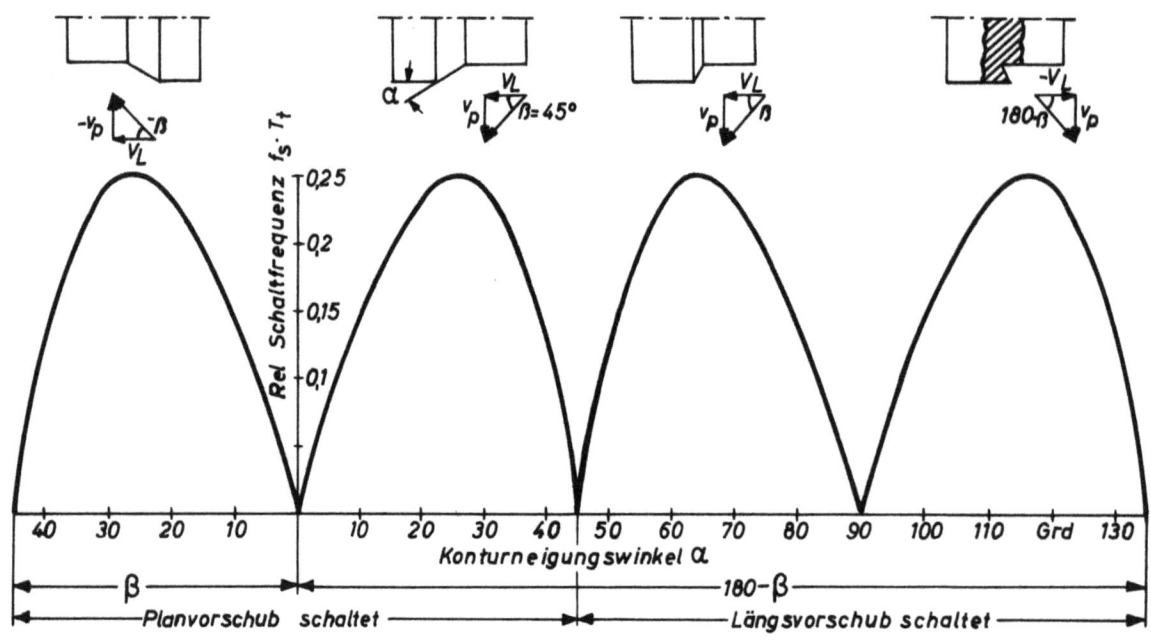

A b b i l d u n g 28
Maximaler Arbeitsbereich des unstetigen Systems

Der günstigere Bearbeitungsablauf ergibt sich beim Schalten des Planvorschubes. Die Gründe dafür sind folgende:

1. die Schaltamplituden sind aus geometrischen Gründen in geringerem Maße mit dem Winkel α variabel,

2. der Längsschlitten hat eine wesentlich größere Masse, und er benötigt längere Übertragungsorgane zur Betätigung des Vorschubes. Dadurch sind längere Totzeiten bedingt, die eine größere Schaltamplitude und niedrigere Schaltfrequenz zur Folge haben.

4.4 Stabilitätsuntersuchungen

Die Stabilitätsverhältnisse bei dem unstetigen Folgesystem, dessen vereinfachtes Blockschaltbild auf Abbildung 3 dargestellt ist, sollen an Hand von Abbildung 29 diskutiert werden.

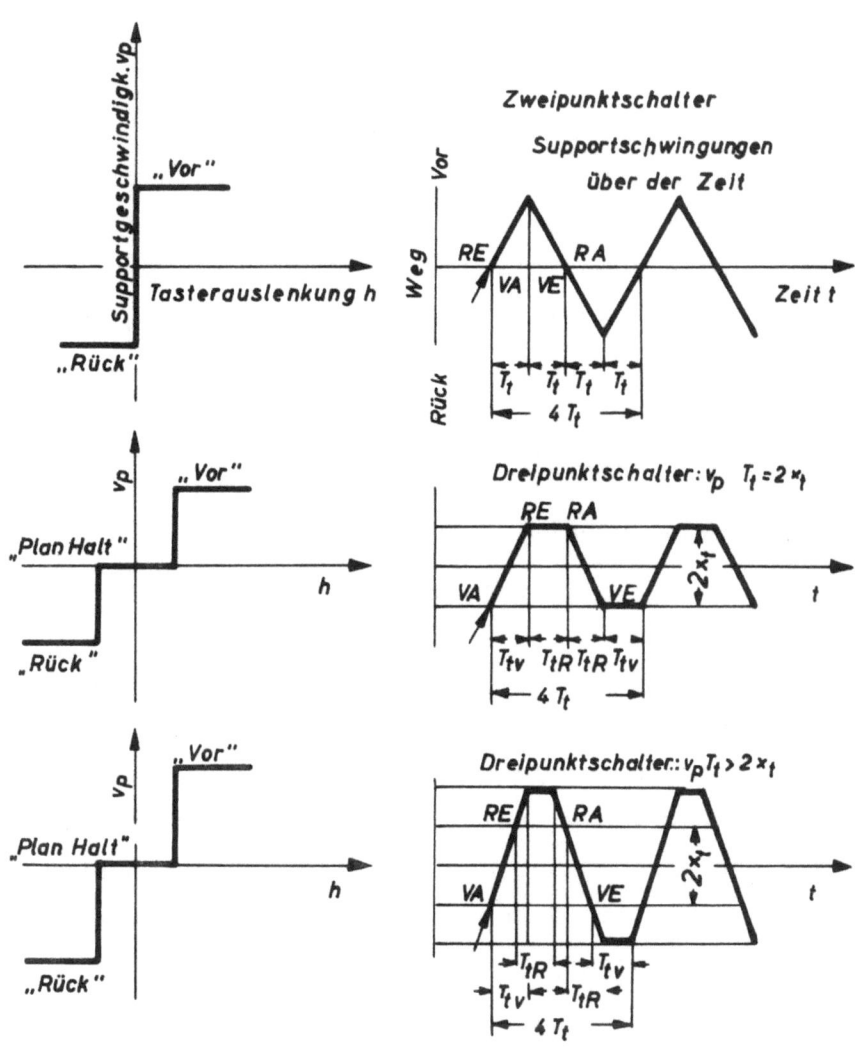

Abbildung 29
Geometrische Verhältnisse bei Instabilität

Es wird dabei nur auf das Verhalten des Planvorschubes eingegangen, da dessen tote Zone $2\,x_t$ zwischen "Vor" und "Rück" wesentlich enger ist als die des Längsvorschubes, und damit eher die Gefahr der Instabilität besteht.

4.41 Stabilitätskriterium und Möglichkeiten zum Stabilisieren

Stellt man sich vor, der Taster fahre mit einer bestimmten eingestellten Geschwindigkeit v_p an die Schablone, so hängt es von der Größe der toten

Zone 2 x_t ab, ob das System danach in Ruhe verharren oder eine Dauerschwingung ausführen wird.

Wäre keine tote Zone vorhanden, d.h. wirkt der Taster wie ein Zweipunktschalter, so würde beim Anfahren an die Schablone sofort der Planrück-Kontakt betätigt. Der Support käme nie zur Ruhe, sondern würde mit der Schaltfrequenz $f_s = \frac{1}{4T_t}$ um den Sollwert herum fahren, wie aus Abbildung 29 oben deutlich wird.

Hat das System eine dritte Schaltstellung bzw. eine tote Zone 2 x_t, so kann das System entweder in Ruhe bleiben oder auch instabil werden. Ist der Schlittenweg nach Schalten des Kontaktes "Vorlauf aus" $v_p \cdot T_t < 2 x_t$ so bleibt das System in Ruhe. Die Stabilitätsgrenze ist erreicht, wenn $v_p \cdot T_t = 2 x_t$ wird, wie auf Abbildung 29 Mitte gezeigt. In diesem Falle oder wenn $v_p T_t > 2 x_t$ ist, bauen sich Dauerschwingungen auf mit der Frequenz $f_s = \frac{1}{4T_t}$. Diese Frequenz ist also unabhängig davon, ob eine tote Zone vorhanden ist oder nicht.

Als Stabilitätskriterium erhält man die Bedingung

$$v_p \cdot T_t < 2 x_t .$$

Es zeigt, mit welchen Maßnahmen ein instabiles System stabilisiert werden kann. Ein Anwachsen der toten Zone 2 x_t vergrößert die Ungenauigkeit des Systems, da innerhalb der toten Zone 2 x_t die Regelung unbestimmt ist. Eine Verkleinerung von v_p setzt die Geschwindigkeit und damit den ausnutzbaren Vorschubbereich bei der Bearbeitung herab. Eine Erhöhung der Stabilität, ohne daß ein Nachteil in Kauf genommen werden muß, bringt nur die Verkürzung der Totzeit T_t mit sich.

Zur Untersuchung des bei normaler Einstellung stabilen Systems wird die tote Zone eingeengt bzw. die Geschwindigkeit v_p oder die Totzeit T_t vergrößert. Beim Überschreiten der Stabilitätsgrenze führt das System Dauerschwingungen aus, wie sie in Abbildung 30 dargestellt sind. Die Bewegung von Taster und Support sind genau um 180° phasenverschoben. Darauf soll noch im nächsten Abschnitt eingegangen werden.

Der Vergleich der Amplituden zeigt, daß die des Tasters kleiner sind als die Supportamplituden. Das ist dadurch zu erklären, daß der Taster nicht fest an der Schablone anliegt, sondern zusätzlich auf ihr Prellschwingungen ausführt.

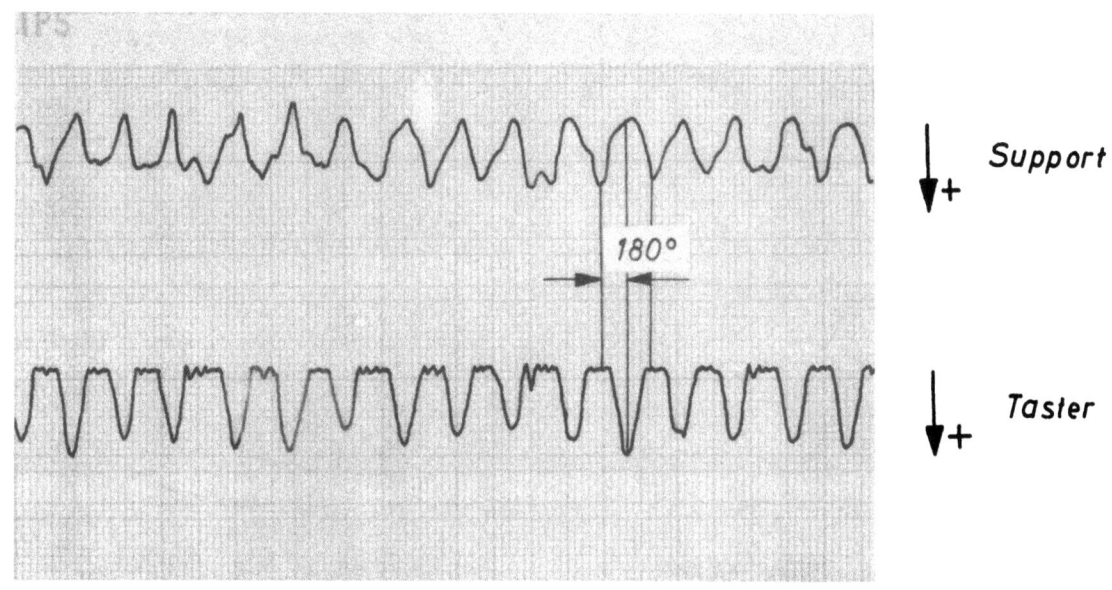

Abbildung 30
Dauerschwingungen bei Instabilität

4.42 Stabilitätsbetrachtung an Hand von Orts- und Beschreibungsfunktionen

Es wurde einleitend bemerkt, daß sich das untersuchte unstetige Folgesystem durch das auf Abbildung 3 b gezeigte vereinfachte Blockschaltbild darstellen läßt. Dabei werden alle stetigen Glieder zu einem integralen Regelkreisglied mit Totzeit zusammengefaßt und der Taster als unstetiges Glied gesondert aufgeführt. An Hand dieser Aufteilung kann mit Hilfe von Orts- und Beschreibungsfunktionen die Stabilitätsgrenze anschaulich gemacht werden, wie es von OPPELT [11] beschrieben wird.

Die Beschreibungsfunktion N des Tasters ist eine Doppellinie auf der reellen Achse, da die Phase durch dieses unstetige Glied nicht verschoben wird. Zur Ermittlung der Beschreibungsfunktion wird die Rechteckschwingung der Ausgangsgröße mit der Amplitude m durch die Grundschwingung der Fourierreihe mit der Amplitude $\frac{4m}{\pi}$ ersetzt. Auf Abbildung 31 ist die Beschreibungsfunktion des Tasters für zwei einstellbare Kontaktabstände 2 x_t aufgetragen. Je größer der Ausgangswert m/x_t ist, um so weiter erstreckt sich die Beschreibungsfunktion nach rechts auf der reellen Achse. In dem Diagramm sind die dazugehörigen Zahlenwerte in ihrer Abhängigkeit zueinander aufgezeichnet. Die Ortskurve der restlichen linearen Glieder folgt der Frequenzgleichung:

$$F = \frac{C_o}{i\omega} \cdot e^{-T_t \cdot i\omega}.$$

C_o ist dabei die Geschwindigkeitsverstärkung des integralen Regelkreisgliedes.

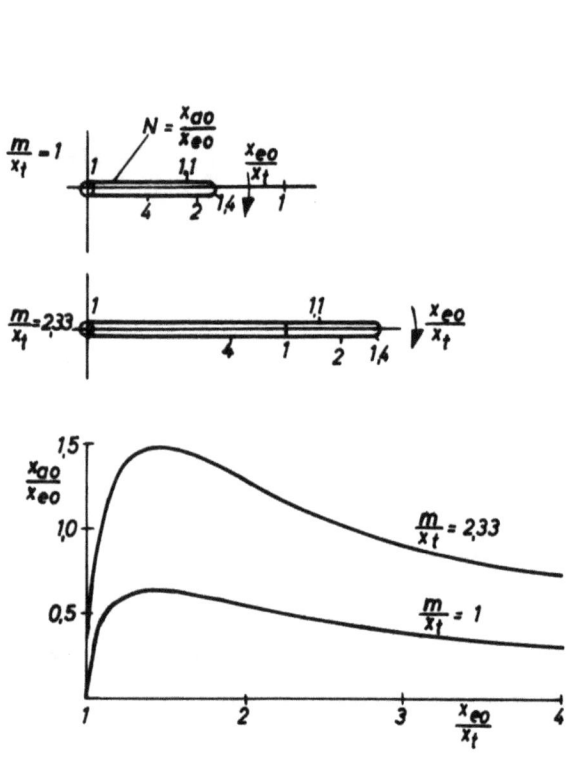
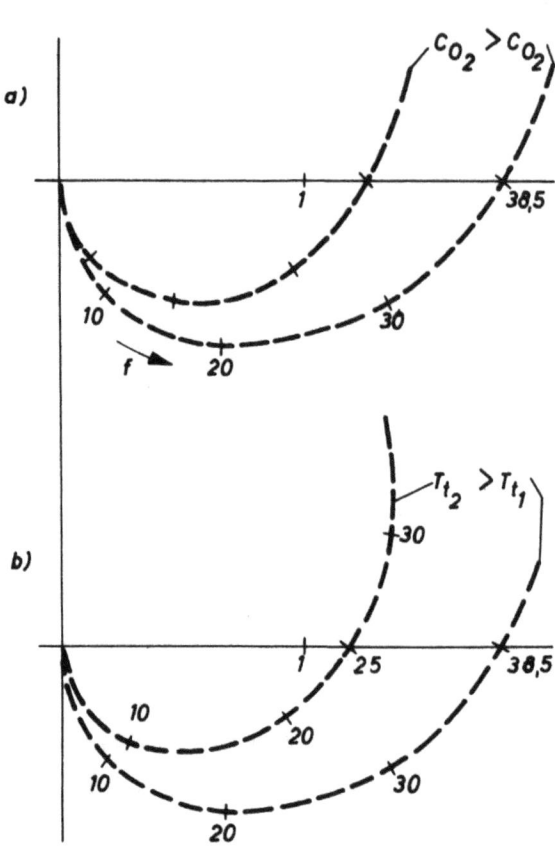

Abbildung 31
Beschreibungsfunktion N des Tasters für zwei Kontaktabstände

Abbildung 32
Negativ-inverse Ortskurve $-\frac{1}{F}$ für zwei verschiedene C_o (a) und zwei verschiedene T_t (b)

In Abbildung 32 a sind die negativ-inversen Ortskurven $-\frac{1}{F}$ für zwei verschiedene C_o und auf 32 b für zwei unterschiedliche Totzeiten T_t aufgetragen. Der Schnittpunkt der Kurve mit der reellen Achse hat den Wert $\frac{\omega k}{C_o}$ und rückt mit wachsendem C_o und größer werdender Totzeit weiter nach links.

Die Stabilitätsgrenze ist erreicht, wenn die Beschreibungsfunktion N und $-\frac{1}{F}$ einen Punkt gemeinsam haben, wie das auf Abbildung 33 dargestellt ist. Als Stabilitätsbedingung erhält man hierbei

$$v_p \cdot T_t < 2{,}47 \, x_t \,.$$

Der Unterschied des Faktors von x_t gegenüber dem im vorigen Abschnitt exakt ermittelten ($v_p T_t < 2 x_t$) erklärt sich aus dem näherungsweisen Ersatz der Rechteckschwingung für die Ausgangskurve durch die Grundschwingung der Fourier-Reihe.

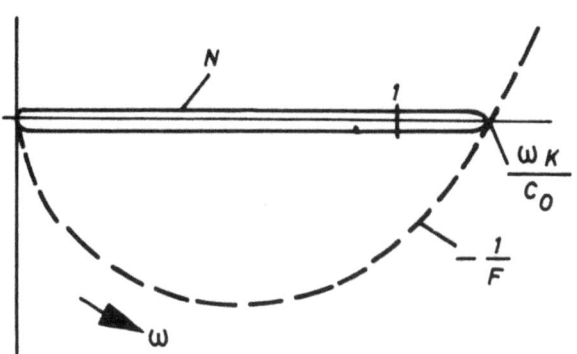

Abbildung 33
Stabilitätsgrenze des unstetigen Folgeregelsystems

5. Bearbeitungsversuche

Entsprechend dem unterschiedlichen Funktionsverhalten gegenüber den stetigen Systemen erhält man bei einem unstetigen Aggregat auch andere systembedingte Bearbeitungsfehler. Die Arbeitsergebnisse eines unstetig arbeitenden Gerätes brauchen nicht schlechter zu sein als bei stetigen, wenn eben diese systembedingten Fehler ausreichend klein gemacht werden können.

5.1 Bearbeiten einer Kugelkontur

Besonders deutlich wird das Funktionsverhalten eines unstetigen Systems beim Bearbeiten einer Kugelkontur um den Kulminationspunkt, wie auf Abbildung 34 dargestellt.

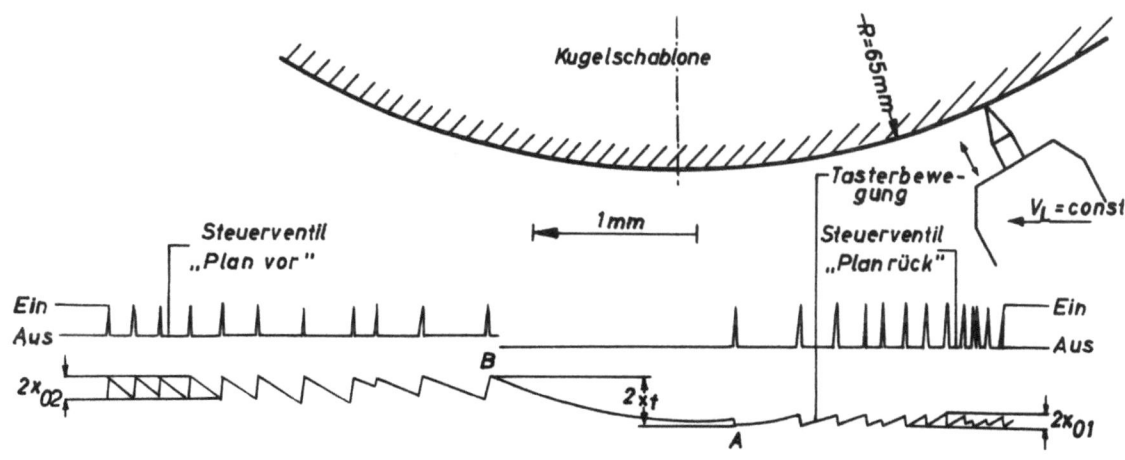

Abbildung 34
Bearbeiten einer Kugelkontur

Auf dem ansteigenden Konturabschnitt bewegt sich der Schlitten mit der Schaltamplitude $2 x_{o1}$ nach hinten. Beim Überfahren des Kulminationspunktes muß der Taster die tote Zone $2 x_t$ durchfahren, ehe in Punkt B der Plankontakt eingeschaltet wird. Von da ab bewegt sich der Schlitten mit den Schaltamplituden $2 x_{o2}$ nach vorn. (Der Unterschied von $2 x_{o1}$ und $2 x_{o2}$ liegt hierbei in verschiedener Einstellung der Vorschub- und Rücklaufgeschwindigkeit.) Entsprechend der Stabilitätsbedingung sind die Schaltamplituden $2 x_{o1}$ und $2 x_{o2}$ kleiner als die tote Zone $2 x_t$. In den Bereich von A bis B in Längsrichtung gemessen, verharrt der Meißel in Ruhe, so daß auf dieser Länge eine zylindrische Kontur erzeugt wird.

Die Schaltspanne $2 x_t$ hat also die gleiche Wirkung wie die Umkehrspanne bei den stetigen Systemen. Sie ist jedoch nicht belastungsabhängig, sondern konstant und durch die Konstruktion des Tasters vorgegeben. Daher kann sie für zylindrische Konturen durch eine entsprechende Korrektur an der Schablone ausgeglichen werden, indem zylindrische Konturabschnitte die im Sinne einer Durchmesserverkleinerung angefahren werden, im Durchmesser um $2 x_t$ kleiner vorgegeben werden. Der Einfluß der Schaltungen auf die Werkstückform sei im nächsten Abschnitt behandelt.

5.2 Bearbeiten von Stufenschablonen

Beim Nachformdrehen einer Stufenschablone ergibt sich eine Relativbewegung zwischen Taster und Meißel, wie auf Abbildung 35 dargestellt.

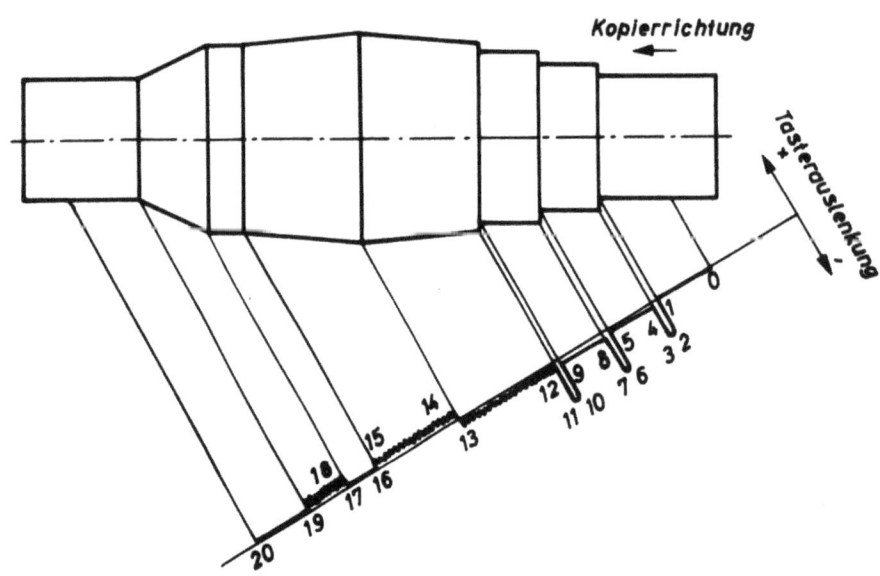

A b b i l d u n g   35
Stufenschablone mit gemessener Relativbewegung (Schema)

Innerhalb der toten Zone $2x_t$ des Tasters ist das System unbestimmt, so daß sich im ungünstigsten Falle Lagefehler in der gleichen Größe einstellen können. Diese gehen in doppelter Größe als Durchmesserfehler ein.

Wie aus Abbildung 34 zu ersehen ist, bleibt der Schlitten beim Anfahren einer Kontur im Sinne einer Durchmesservergrößerung innerhalb der Schaltspanne $2x_{01}$ und beim Anfahren im Sinne einer Durchmesserverkleinerung innerhalb $2x_{02}$ stehen. Aus diesem Grunde werden die zylindrischen Konturen 16 ÷ 17 und 19 ÷ 20 nach den fallenden Konturen relativ zu den zylindrischen Konturen 4 ÷ 5 und 8 ÷ 9 zu groß. Dieser Fehler läßt sich, wie oben erwähnt, durch Schablonenkorrektur zum Teil beseitigen.

Auf den geneigten Konturen 12 ÷ 13, 14 ÷ 15 und 18 ÷ 19 wird das Werkzeug stufenförmig aus- bzw. einwärts-bewegt entsprechend dem Verhalten des Systems unter einer Führungsgröße, wie unter Abschnitt 3.23 beschrieben.

Da die entsprechenden Schaltungen während der Werkstückdrehung erfolgen, müssen auf geneigten Konturen Kreisformfehler auftreten. Im allgemeinen besteht zwischen Schaltfrequenz und Drehzahl des Werkstückes kein ganzzahliges Verhältnis, so daß die Schaltungen nicht periodisch über den Umfang verteilt sind. Dazu kommt noch, daß der Vorschub pro Umdrehung bei normalem Schlichtschnitt kleiner ist als die Meißelabrundung, wodurch sich die Schaltungen mehrerer Werkstückumdrehungen überdecken.

Um den Einfluß der Schaltungen auf die Rundheit des Werkstückes zu untersuchen, wurde eine geneigte Kontur in der Weise bearbeitet, daß die Schaltfrequenz in einem ganzzahligen Verhältnis zur Drehzahl stand. Außerdem wurde der Vorschub relativ groß gemacht, so daß sich die Schaltstufen der einzelnen Werkstückumdrehungen nicht oder nur wenig beeinflussen konnten.

Abbildung 36 zeigt die Schriebe von Rundheitsmessungen an zwei Werkstücken. Bei dem ersten erfolgten zwei Schaltungen pro Umdrehung, bei dem zweiten vier. Die Kreisformfehler stimmen in etwa mit den gleichzeitig gemessenen Schaltamplituden der Planschlittenbewegung überein. Unter dem Schrieb ist jeweils die aus den geometrischen Gegebenheiten konstruierte Werkstückform aufgetragen.

Abbildung 37 zeigt den Schrieb einer Rundheitsmessung von einem Werkstück, bei dem zwischen Drehzahl und Schaltfrequenz kein ganzzahliges Verhältnis bestand und mit relativ geringem Vorschub pro Umdrehung gedreht wurde. Es sind deutlich die mehrfachen Überlagerungen der Schaltungen

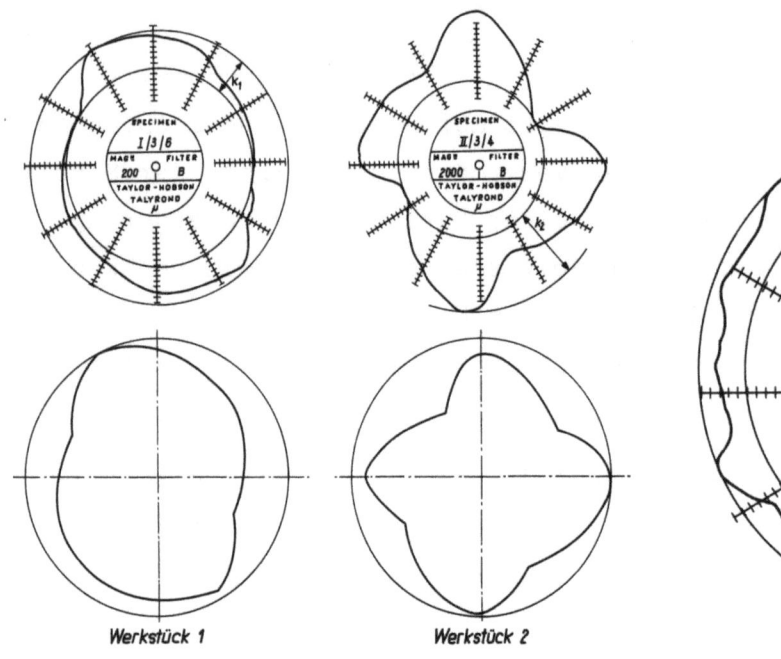
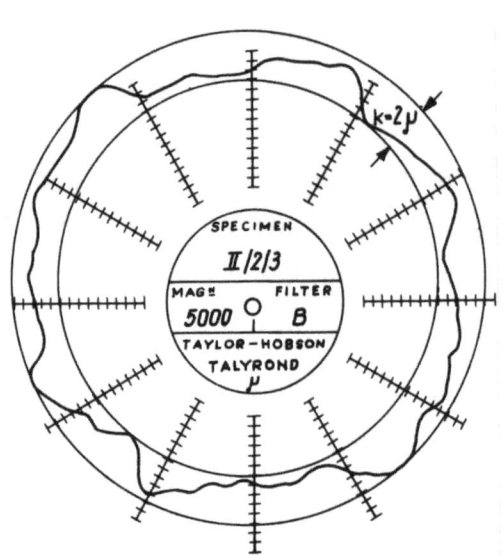

Abbildung 36
Schriebe von Rundheitsmessungen
an geneigten Konturen zweier
Werkstücke und konstruierte
Werkstückformen

Abbildung 37
Schrieb einer Rundheitsmessung
an einer geneigten Kontur

auf dem Umfang zu sehen. Auch ist der Kreisformfehler durch die Überlappung der Schnitte geringer als die entsprechenden Schaltstufen. Durch die Arbeitsbewegung des Werkzeuges wird nicht nur die Kreisform des Werkstückes verschlechtert, sondern es nimmt auch die Rauhigkeit auf der Mantellinie stark zu. Auf Abbildung 38 ist die Rauhigkeit auf einem zylindrischen Abschnitt sowie auf einer $20°$-geneigten Kontur des daneben angedeuteten Werkstückes mit der gleichen Vergrößerung aufgetragen. Die Rauhigkeit steigt bei der Arbeitsbewegung um ein mehrfaches an.

Bei sehr flachen Kegeln ($\alpha \approx 0°$) wird oft besonderer Wert auf die Oberflächengüte gelegt. Zu diesem Zweck muß die Schaltamplitude herabgesetzt werden. Der Ausdruck für die Schaltamplitude

$$2_{xo} = v_L \cdot T_t \cdot tg\beta \frac{\cos\alpha}{\sin(\alpha+\gamma)}$$

vereinfacht sich für $\alpha \approx 0°$ und $\gamma = 90°$ zu

$$2_{xo} \approx T_t \cdot v_p \cdot$$

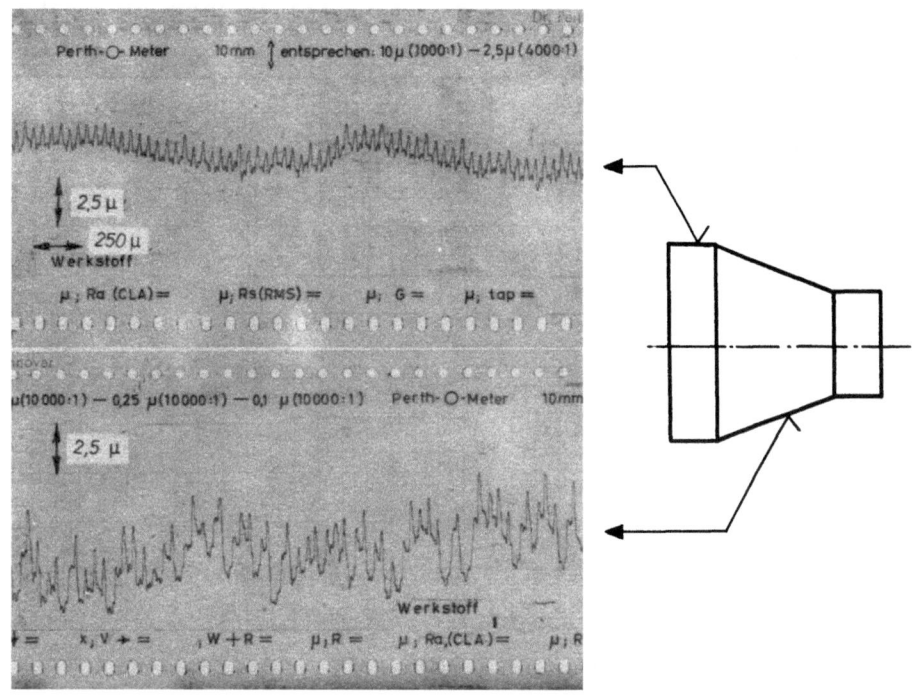

Abbildung 38

Rauhigkeit auf zylindrischer und geneigter Kontur eines Werkstückes

Die Schaltamplitude kann also verkleinert werden, indem die Geschwind keit v_p des geschalteten Vorschubes herabgesetzt wird.

Abbildung 39 zeigt die Arbeitsbewegung des untersuchten Systems beim Kopieren eines Kegels mit der Steigung 1:200 für drei verschiedene Ge schwindigkeiten v_p des geschalteten Vorschubes. Neben dem Kleinerwer

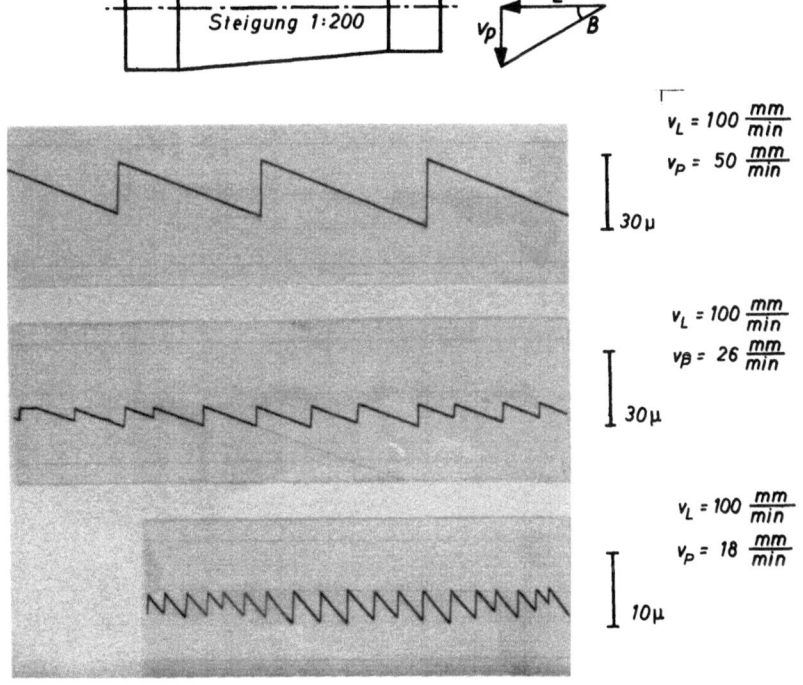

Abbildung 39

Schaltbewegung auf sehr flachem Kegel

der Amplitude ist das Anwachsen der Schaltfrequenz zu beobachten. Beide Erscheinungen wirken im Sinne einer Verkleinerung der Unrundfehler und der Oberflächenrauhigkeit des Werkstückes. In dieser Weise lassen sich trotz der Schaltbewegung des Systems relativ hohe Oberflächengüten erreichen.

6. Schlußbetrachtung

Die kennzeichnenden Größen eines unstetigen Folgesystems sind die tote Zone $2 x_t$, sowie die Schaltamplitude $2 x_o$ und die Schaltfrequenz f_s bei Einwirken einer Stör- oder Führungsgröße. Die Höhe der maximalen Schaltfrequenz wird dabei durch die Totzeit T_t des Systems bestimmt. Diese geht ebenfalls wesentlich in die Größe der Schaltamplitude ein, die außerdem noch von der Höhe der eingestellten Geschwindigkeit des schaltenden Vorschubes abhängig ist. Die Totzeit ist somit als wichtigste Systemkonstante eines unstetigen Folgesystems zu bezeichnen.

Außer von der Totzeit hängt die sich unter einer Führungsgröße einstellende Schaltfrequenz noch von einigen geometrischen Größen der Anordnung ab. Diese sind: Der Konturneigungswinkel α und der Winkel β zwischen den Geschwindigkeitsvektoren des konstant durchlaufenden und des geschalteten Vorschubes. Die Schaltamplitude wird zudem noch von dem Einstellwinkel γ der Tasterachse zur Drehbankachse beeinflußt.

Als Maßnahme zur Erhöhung der Stabilität ergeben sich aus einem Stabilitätskriterium die Vergrößerung der toten Zone und das Herabsetzen der Geschwindigkeit des schaltenden Vorschubes und der Totzeit. Da die Regelung innerhalb der toten Zone unbestimmt ist, würde eine Erhöhung derselben die Ungenauigkeit vergrößern. Eine Verminderung der Geschwindigkeit des schaltenden Vorschubes engt den anwendbaren Vorschubbereich ein und ist daher auch nicht erwünscht. Nur das Herabsetzen der Totzeit des Systems ermöglicht eine kleine tote Zone, niedrige Schaltamplituden und hohe Schaltfrequenzen.

Auf diese Weise läßt sich eine hohe Genauigkeit erzielen, ohne daß Instabilität auftritt.

Die an dem untersuchten elektrohydraulischen System gemessene Schaltfrequenz von maximal beinahe 40 Hz liegt sehr hoch und wurde beim Kupplungskopieren bisher noch nicht erreicht. Der Vorteil gegenüber den Kupplungen liegt darin, daß zur Betätigung des Elektromagnet-Ventils wesentlich geringere Kräfte notwendig sind. Möglichkeiten zur weiteren

Herabsetzung der Totzeit bieten sich in der Verminderung der bewegten Massen des Ventils und in der Kompensierung der Axialkräfte der Steuerschieber an. Es läßt sich aber leicht abschätzen, daß jede kleine Verbesserung nur noch durch relativ hohen Aufwand zu erreichen sein wird.

Prof. Dr.-Ing. Herwart Opitz
Dipl.-Ing. Wolfgang Backé

7. Literaturverzeichnis

[1] BAUER, E.   Fühlersteuerungen
VDF-Mitteilungen, Heft 2, April 1951

[2] BLAUM, O.H.   Elektrohydraulische und Elektromagnetische Nachformeinrichtungen
ETZ 78 (1957), S. 655/61

[3] BUCHMEIER, H.   Diskussionsbeitrag
Berichtsheft zum 9. Aachener Werkzeugmaschinen-Kolloquium 1958, S. 976,
Girardet-Verlag, Essen

[4] HEROLD, H.H.   Elektromagnetische Lamellenkupplungen, ihre Eigenschaften und ihr Verhalten bei Schaltvorgängen
Industrie-Anzeiger Nr. 56, 15. Juli 19

[5] HEROLD, H.H.   Elektrische Nachformeinrichtungen und ihre Bauelemente,
Industrie-Anzeiger, 7.7.1959, Girardet Verlag

[6] HERTTER, O.   Elektrische Nachformeinrichtungen für Werkzeugmaschinen
VDI-Zeitschrift, 21.11.1958, Nr. 33

[7] LEE and BLACKBURN   Contributions to hydraulic Control -
1 Steady state Axial Forces on Control Valve-Piston
Transaction ASME, 1952

[8] OPITZ, H. und W. BACKÉ   Untersuchungen von Kopiersteuerungen
Forschungsbericht des Wirtschafts- und Verkehrsministeriums Nordrhein-Westfalen Nr. 670, Westdeutscher Verlag Köln/Opladen

[9] STAU, K.H.   Nachformeinrichtungen für Drehbänke
Werkstattbücher Heft 113, Springer-Verlag, Berlin

[10] STUTE, H.	Diskussionsbeitrag
Berichtsheft zum 9. Aachener Werkzeugmaschinen-Kolloquium 1958, S. 979, Girardet-Verlag, Essen

[11] OPPELT, W.	Kleines Handbuch Technischer Regelvorgänge,
Verlag Chemie GmbH, Weinheim/Bergstraße, 2. Auflage, 1956

FORSCHUNGSBERICHTE
DES LANDES NORDRHEIN-WESTFALEN

Herausgegeben durch das Kultusministerium

MASCHINENBAU

HEFT 45
Losenhausenwerk Düsseldorfer Maschinenbau AG., Düsseldorf
Untersuchungen von störenden Einflüssen auf die Lastgrenzenanzeige von Dauerschwingprüfmaschinen
1953, 36 Seiten, 11 Abb., 3 Tabellen, DM 7,25

HEFT 77
Meteor Apparatebau Paul Schmeck GmbH., Siegen
Entwicklung von Leuchtstoffröhren hoher Leistung
1954, 46 Seiten, 12 Abb., 2 Tabellen, DM 9,15

HEFT 100
Prof. Dr.-Ing. H. Opitz, Aachen
Untersuchungen von elektrischen Antrieben, Steuerungen und Regelungen an Werkzeugmaschinen
1955, 166 Seiten, 71 Abb., 3 Tabellen, DM 31,30

HEFT 136
Dipl.-Phys. P. Pilz, Remscheid
Über spezielle Probleme der Zerkleinerungstechnik von Weichstoffen
1955, 58 Seiten, 19 Abb., 2 Tabellen, DM 11,50

HEFT 147
Dr.-Ing. W. Rudisch, Unna
Untersuchung einer drehelastischen Elektromagnet-Synchronkupplung
1955, 82 Seiten, 65 Abb., DM 17,70

HEFT 183
Dr. W. Bornheim, Köln
Entwicklungsarbeiten an Flaschen- und Ampullen-Behandlungsmaschinen für die pharmazeutische Industrie
1956, 48 Seiten, 24 Abb., DM 11,70

HEFT 212
Dipl.-Ing. H. Spodig, Selm
Untersuchung zur Anwendung der Dauermagnete in der Technik
1955, 44 Seiten, 25 Abb., DM 9.80

HEFT 295
Prof. Dr.-Ing. H. Opitz und Dipl.-Ing. H. Axer, Aachen
Untersuchung und Weiterentwicklung neuartiger elektrischer Bearbeitungsverfahren
1956, 42 Seiten, 27 Abb., DM 10,30

HEFT 298
Prof. Dr.-Ing. E. Oehler, Aachen
Untersuchung von kritischen Drehzahlen, die durch Kreiselmomente verursacht werden
1956, 50 Seiten, 35 Abb., DM 13,15

HEFT 384
Prof. Dr.-Ing. H. Opitz, Aachen
Schwingungsuntersuchungen an Werkzeugmaschinen
1958, 66 Seiten, 73 Abb., DM 20,40

HEFT 412
Prof. Dr.-Ing. H. Opitz, Aachen
Kennwerte und Leistungsbedarf für Werkzeugmaschinengetriebe
1958, 72 Seiten, 35 Abb., DM 17,20

HEFT 506
Prof. Dr.-Ing. W. Meyer zur Capellen, Aachen
Der Flächeninhalt von Koppelkurven. Ein Beitrag zu ihrem Formenwandel
1958, 74 Seiten, 26 Abb., DM 21,50

HEFT 533
Prof. Dr.-Ing. H. Opitz und Dipl.-Ing. W. Hölken, Aachen
Untersuchung von Ratterschwingungen an Drehbänken
1958, 70 Seiten, 44 Abb., 2 Tabellen, DM 19,70

HEFT 606
Oberbaurat Prof. Dr.-Ing. W. Meyer zur Capellen, Aachen
Eine Getriebegruppe mit stationärem Geschwindigkeitsverlauf
1958, 34 Seiten, 21 Abb., DM 10,50

HEFT 631
Dr. E. Wedekind, Krefeld
Der Einfluß der Automatisierung auf die Struktur der Maschinen- und Arbeiterzeiten am mehrstelligen Arbeitsplatz in der Textilindustrie
1958, 72 Seiten, 32 Abb., 8 Tabellen, DM 21,10

HEFT 667
Prof. Dr.-Ing. H. Opitz und Dipl.-Ing. H. de Jong, Aachen
Schwingungs- und Geräuschuntersuchung an ortsfesten Getrieben
1959, 32 Seiten, 28 Abb., 2 Tabellen, DM 10,30

HEFT 668
Prof. Dr.-Ing. H. Opitz, Dipl.-Ing. G. Ostermann und Dipl.-Ing. M. Gappisch, Aachen
Beobachtungen über den Verschleiß an Hartmetallwerkzeugen
1958, 38 Seiten, 26 Abb., DM 12,—

HEFT 669
Prof. Dr.-Ing. H. Opitz, Dipl.-Ing. H. Uhrmeister und Dipl.-Ing. K. Jüstel, Aachen
Aufbau und Wirkungsweise einer Magnetbandsteuerung
1958, 50 Seiten, 39 Abb., DM 15,—

HEFT 670
Prof. Dr.-Ing. H. Opitz und Dipl.-Ing. W. Backé, Aachen
Untersuchung von Kopiersteuerungen
1959, 70 Seiten, 54 Abb., DM 18,80

HEFT 671
Prof. Dr.-Ing. H. Opitz, Dr.-Ing. R. Piekenbrink und Dipl.-Ing. K. Honrath, Aachen
Untersuchungen an Werkzeugmaschinenelementen
1959, 70 Seiten, 71 Abb., DM 20,—

HEFT 672
Prof. Dr.-Ing. H. Opitz, Dipl.-Ing. H. Heiermann und Dipl.-Ing. B. Rupprecht, Aachen
Untersuchungen beim Innenrundschleifen
1959, 34 Seiten, 50 Abb., DM 11,50

HEFT 673
Prof. Dr.-Ing. H. Opitz, Dipl.-Ing. H. Obrig und Dipl.-Ing. K. Ganser, Aachen
Die Bearbeitung von Werkzeugstoffen durch funkenerosives Senken
1959, 60 Seiten, 41 Abb., 1 Tabelle, DM 18,—

HEFT 676
Prof. Dr.-Ing. W. Meyer zur Capellen, Aachen
Harmonische Analyse bei Kurbeltrieben.
I. Allgemeine Zusammenhänge
1959, 38 Seiten, 10 Abb., DM 11,50

HEFT 695
Dr.-Ing. W. Herding, München
Die Fahrdynamik und das Arbeitsspiel gleisloser Erdbaugeräte als Kalkulationsgrundlage für die Bodenförderung und ihre Kosten

HEFT 718
Prof. Dr.-Ing. W. Meyer zur Capellen, Aachen
Die geschränkte Kurbelschleife
I. Die Bewegungsverhältnisse
1959, 110 Seiten, 54 Abb., DM 29,20

HEFT 764
Prof. Dr.-Ing. H. Opitz, Dipl.-Ing. H. Siebel und Dipl.-Ing. R. Fleck, Aachen
Keramische Schneidstoffe
1959, 30 Seiten, 18 Abb., DM 9,80

HEFT 772
Prof. Dr.-Ing. W. Meyer zur Capellen
Nomogramme zur geneigten Sinuslinie
1959, 28 Seiten, 11 Abb., DM 8,50

HEFT 775
Prof. Dr.-Ing. H. Opitz
Automatische Erfassung der Maßabweichung der Werkstücke zum Zweck der selbständigen Korrektur der Maschine
1959, 38 Seiten, 27 Abb., DM 11,40

HEFT 777
Prof. Dr.-Ing. H. Opitz und Dipl.-Ing. P.-H. Brammertz, Aachen
Werkstückgüte und Fertigkeitskosten beim Innen-Feindrehen und Außenrund-Einsteckschleifen
1959, 92 Seiten, 68 Abb., DM 25,30 —

HEFT 788
Prof. Dr.-Ing. Herwart Opitz, Aachen
Der Einsatz radioaktiver Isotope bei Zerspannungsuntersuchungen

HEFT 794
Dipl.-Ing. Reinhard Wilken, Düsseldorf
Das Biegen von Innenborden mit Stempeln
1959, 82 Seiten, DM 22,40

HEFT 801
Baurat Dipl.-Ing. Gesell, Duisburg
Ersatz von Quarzsand als Strahlmittel

HEFT 806
Prof. Dr.-Ing. H. Opitz u. a., Aachen
Untersuchungen von Zahnradgetrieben und Zahnradbearbeitungsmaschinen

HEFT 809
Prof. Dr.-Ing. H. Opitz und Dipl.-Ing. H. H. Herold, Aachen
Untersuchung von elektro-mechanischen Schaltelementen

HEFT 810
Prof. Dr.-Ing. H. Opitz und Dr.-Ing. N. Maas, Aachen
Das dynamische Verhalten von Lastschaltgetrieben

HEFT 811
Prof. Dr.-Ing. H. Opitz, Dipl.-Ing. H. Uhrmeister, Aachen und Dipl.-Ing. H. Bürklin, Fa. Schoppe & Faeser, Minden
bearbeitet im Auftrage des Forschungsinstituts für Rationalisierung in Aachen
Über Weggeber für automatisch gesteuerte Arbeitsmaschinen
1959, 94 Seiten, 78 Abb.

HEFT 820
Prof. Dr.-Ing. H. Opitz, Dipl.-Ing. H. Rohde und Dipl.-Ing. W. König, Aachen
Untersuchungen der Spanformung durch Spanbrecher beim Drehen mit Hartmetallwerkzeugen

HEFT 830
Prof. Dr.-Ing. H. Opitz und Dipl.-Ing. W. Backé, Aachen
Automatisierung des Arbeitsablaufes in der spanabhebenden Fertigung. Untersuchung eines unstetigen Nachformsystems mit einem elektrohydraulischen Stellglied.
1959, 44 Seiten

HEFT 831
Prof. Dr.-Ing. H. Opitz, Dr.-Ing. H.-G. Rohs und Dr.-Ing. G. Stute, Aachen
Statistische Untersuchungen über die Ausnutzung von Werkzeugmaschinen in der Einzel- und Massenfertigung

---

Ein Gesamtverzeichnis der Forschungsberichte, die folgende Gebiete umfassen, kann bei Bedarf vom Verlag angefordert werden:
Acetylen / Schweißtechnik - Arbeitspsychologie und -wissenschaft - Bau / Steine / Erden - Bergbau - Biologie - Chemie - Eisenverarbeitende Industrie - Elektrotechnik / Optik - Fahrzeugbau / Gasmotoren - Farbe / Papier / Photographie - Fertigung - Gaswirtschaft - Hüttenwesen / Werkstoffkunde - Luftfahrt / Flugwissenschaften - Maschinenbau - Medizin / Pharmakologie / Physiologie - NE-Metalle - Physik - Schall / Ultraschall - Schiffahrt - Textiltechnik / Faserforschung / Wäschereiforschung - Turbinen - Verkehr - Wirtschaftswissenschaften.

MIX
Papier aus verantwortungsvollen Quellen
Paper from responsible sources
FSC® C105338

If you have any concerns about our products,
you can contact us on
ProductSafety@springernature.com

In case Publisher is established outside the EU,
the EU authorized representative is:
Springer Nature Customer Service Center GmbH
Europaplatz 3, 69115 Heidelberg, Germany

Printed by Libri Plureos GmbH
in Hamburg, Germany